基于 Proteus 的单片机
应用技术项目教程

夏晓玲　张　璟　主编

东南大学出版社
SOUTHEAST UNIVERSITY PRESS
·南京·

图书在版编目（CIP）数据

基于 Proteus 的单片机应用技术项目教程 / 夏晓玲，

张璟主编. -- 南京：东南大学出版社，2024.7.

ISBN 978-7-5766-1550-0

Ⅰ. TP368.1

中国国家版本馆 CIP 数据核字第 2024VJ6015 号

责任编辑：弓　佩　责任校对：韩小亮　封面设计：余武莉　责任印制：周荣虎

基于 Proteus 的单片机应用技术项目教程

Jiyu Proteus de Danpianji Yingyong Jishu Xiangmu Jiaocheng

主　　编：夏晓玲　张　璟

出版发行：东南大学出版社

社　　址：南京四牌楼 2 号　邮编：210096　电话：025 - 83793330

出 版 人：白云飞

网　　址：http://www.seupress.com

电子邮件：press@seupress.com

经　　销：全国各地新华书店

印　　刷：南京工大印务有限公司

开　　本：787 mm×1092 mm　1/16

印　　张：18.25

字　　数：399 千字

版　　次：2024 年 7 月第 1 版

印　　次：2024 年 7 月第 1 次印刷

书　　号：ISBN 978 - 7 - 5766 - 1550 - 0

定　　价：58.00 元

本社图书若有印装质量问题，请直接与营销部联系。电话（传真）：025 - 83791830。

内 容 简 介

  《基于 Proteus 的单片机应用技术项目教程》在大思政背景下坚持"以就业为导向、以学生为主体、以素质为本位、以能力为核心"的人才培养理念和"行动导向"的教学原则,以基于工作过程的课程开发理念为指导,以职业能力培养和职业素养养成为重点,根据电子信息类相关专业技术领域和职业岗位(群)的任职要求,融合家国情怀、求真务实和精益求精的新时代工匠精神等课程思政元素和职业资格标准,以单片机小系统为中心制作典型电子产品,以来源于企业的实际项目却高于工作项目的项目为载体,以理实一体化的教学实训室为工作与学习场所,对教材内容进行序化,重构了 5 个匠"芯"独运的主题项目。

  本书共分 5 个项目,内容包括单片机小系统的设计与制作(LED 的控制)、基于单片机小系统的灯光设计与制作、基于单片机小系统的数码管显示计数器的设计与制作、基于单片机中断控制的产品设计与制作、基于单片机小系统的矩阵键盘的设计与制作。将 Proteus 仿真技术加入教材中,所有项目均进行过 Proteus 设计与仿真,突破了传统教材理论教学十实践教学的组织模式,使得教材的工程实践性得到加强。

  本书中所有电路仿真图中元器件符号是 Proteus 软件元器件库中的标准符号。

  本书操作指导性强,可作为高等职业院校、高等专科院校、成人高校、民办高校及本科院校的二级职业技术学院应用电子技术专业、电子信息工程技术专业、机电一体化专业、电气自动化技术专业、电子仪器仪表与维修等相关专业的教学用书,也适用于五年制高职、中职相关专业,并可作为社会从业人士的业务参考书及培训用书。

前　言

　　单片机技术是电子信息和自动化技术领域非常关键和重要的技术,是从事电类技术岗位不可缺少的技术组成部分。该课程属于技术应用类课程,应用性很强,理论和实践结合非常紧密。近年来,我们根据该课程的特点和专业培养目标对课程的要求,在多年教学改革的基础上,通过对电类相关专业职业工作岗位进行充分调研和分析,借鉴先进的课程开发理念和基于工作过程的课程开发理论,进行重点建设。重点培养学生电子产品开发与设计制作能力,打破了传统的以知识和理论为体系的教材组织模式,改变了传统教材给学生"难学"的印象;每个项目采用任务引领的方式,以任务导入、任务分析、任务实施为主线,突出能力训练,穿插必要的理论知识,加强学生对能力迁移所需知识的掌握程度,提升学生分析和解决问题的能力。

　　本教材的突出特点是理论教学与实际应用并重,结合基于单片机控制的实际电子产品的设计与制作的生产岗位、检测岗位、调试岗位、装接岗位及国家职业技能鉴定标准所必需的知识、技能、职业素养要求,遵循"教、学、做合一"的教学原则,解构了传统的学科体系课程内容,在保留基础性经典内容的同时,将产品的制作和应用作为教学重点。特别注重用单片机小系统做中小型电子产品等的应用,较好地解决了基础与应用、理论与实践的矛盾。特别加大了对实践教学改革的力度,加强实验课的比重。同时,深化改革考核方式。将工作过程进行教学描述,设计出"任务单",要求学生从资讯、决策、计划、实施、检查、评价6个方面开放学习,并在每个任务后面给出"考核标准",对训练过程进行记录,并相应地给出量化参考标准,最后,通过"技能测试"巩固学习成果。

　　本书由鄂州职业大学夏晓玲教授负责制定编写课程标准、统筹工作和编写工作,并编写了项目一、项目二、项目三和项目五以及部分附录,张璟副教授负责编写了项目四,湖北大为电子有限公司的曹继光总工编写了附录,并进行了审核工作。

　　本书在编写过程中得到了亲人和朋友的帮助,在此表示感谢。

　　由于编者水平有限,时间仓促,书中难免有疏漏和不足之处,敬请读者批评指正。

编者

2023 年 12 月

目　录

项目 1

单片机小系统的设计与制作
（LED 的控制）

项目目标导读

 **思政目标**

① 能在学习过程中体味师生之间和同学之间的温暖和爱。

② 要在单片机小系统的设计和制作过程中领会精益求精的工匠精神。

③ 要对电路布局等过程中出现的问题保持好奇心，具有探索精神和科学思维。

④ 在电路制作和程序设计过程中要具有宽广的视野和战略性思维，提升格局。

⑤ 能通过小组讨论活动提升团队合作能力和沟通能力。

⑥ 要有"真、善、美"的品格，小组同学之间要和谐沟通，协调合作。

⑦ 要按照《电气简图用图形符号 第 5 部分：半导体管和电子管》(GB/T 4728.5—2018)国家行业标准画电路仿真图并制作电路。

⑧ 对损坏的元器件、部件等要妥善处理，下课后还原实训室所有设备和工具。

 **知识目标**

① 掌握 51 系列单片机常用引脚及功能。

② 了解常用型号单片机的特点。

③ 掌握单片机的内部结构。

④ 复习单片机应用系统的开发流程。

⑤ 熟练掌握单片机开发环境的使用。

 **能力目标**

① 能识别不同类型的单片机芯片。

② 熟练操作 Keil 软件进行程序的编写和调试。

③ 熟练操作 Proteus 软件，会选择元器件，绘制单片机硬件原理图。

④ 能正确使用 C 语言或汇编语言编写简单程序。

⑤ 能根据任务要求构建单片机最小工作系统。

 **方法切入**

① 利用课程网站上的资料图片和实际单片机应用系统进行演示,便于学生加深对单片机概念的理解。

② 采用"项目引领、任务驱动、教学做合一"的教学方式,通过实际项目的分析和实施,结合 Keil 和 Proteus 软件的使用,了解单片机电子产品实际的开发流程。

任务 1.1　单片机最小系统的设计与制作

1.1.1　任务书

学生学号		学生姓名		成绩	
任务名称	单片机最小系统的设计与制作	学时	20	班级	
实训材料与设备	参阅 1.1.9 节	实训场地	单片机实训室	日期	
任务	根据提供的单片机及其外围元器件,设计和制作单片机最小工作系统。				
目标	1) 了解常用单片机的种类,识别单片机型号。 2) 掌握单片机最小系统的构成。 3) 掌握单片机的内部结构。 4) 熟悉单片机系统的开发流程。 5) 熟练掌握单片机开发环境的使用。 6) 培养学生良好的工程意识、职业道德和敬业精神。				

（一）资讯问题

1) 简述单片机的发展概况和趋势。
2) 单片机最小工作系统是怎样构成的?
3) 简述常用 MCS-51 单片机的种类和基本性能。
4) 简述单片机的数制、码制及编码。
5) 简述单片机常用引脚和功能。
6) 掌握发光二极管的控制方法,发光二极管共阴极和共阳极时程序如何修改并调试?

（二）决策与计划

决策:
1) 分组讨论,每三人一组,分析所给 MCS-51 单片机的特点。
2) 查找资料,确定所给单片机的相关参数。
3) 查找资料,确定单片机最小系统的构成。
4) 查找相应单片机芯片的下载软件。
5) 小组成员讲述任务方案。

（续表）

计划：
1) 根据操作规程和任务方案，按步骤完成相关工作。
2) 列出完成该任务所需注意的事项。
3) 确定工作任务需要使用的工具和相关资料，填写下表。

项目名称			
工作流程	使用的工具	相关资料	备注

（三）实施

1) 根据提供的单片机及其外围元器件实物，识别单片机及其外围元器件的外形特点。
2) 区分不同类型的单片机，熟悉其性能参数、结构及应用差异。
3) 确定单片机最小系统的构成并科学布线。
4) 焊接并调试电路。
5) 根据单片机应用系统的开发流程编写源程序并下载到自己制作的单片机中运行，观察效果。
6) 修改程序，下载后进一步观察运行效果。
7) 在工作过程中节约成本并提高工作效率。
8) 记录工作任务完成情况。

（四）检查（评估）

检查：
1) 学生填写检查单。
2) 教师进行考核。
评估：
1) 小组讨论，形成自我评估材料。
2) 在全班评述完成情况和发生的问题及解决方案。
3) 全班同学共同评价每个小组该任务的完成情况。
4) 小组准备汇报材料，每组选派一人进行汇报。
5) 上交作品和任务实训报告。

引领知识

1.1.2　走进单片机

1. 单片机的发展沿革

如果将 8 位单片机的推出作为起点，那么单片机的发展历史大致可分为以下几个阶段：
第一阶段（1976—1978 年）：单片机的探索阶段。
这一阶段以英特尔（Intel）公司的 MCS-48 为代表，MCS-48 的推出是在工控领域的探索。参与这一探索的公司还有摩托罗拉（Motorola）、齐格洛（Zilog）等，都取得了满意的效果。这就是 SCM 的诞生年代，"单机片"一词即由此而来。

第二阶段（1979—1982 年）：单片机的完善阶段。

Intel 公司在 MCS-48 基础上推出了完善的、典型的单片机系列 MCS-51。它在以下几个方面奠定了典型的通用总线型单片机体系结构：

1）完善的外部总线。MCS-51 设置了经典的 8 位单片机的总线结构，包括 8 位数据总线、16 位地址总线、控制总线及具有很多通信功能的串行通信接口。

2）CPU 外围功能单元的集中管理模式。

3）体现工控特性的位地址空间及位操作方式。

4）指令系统趋于丰富和完善，并且增加了许多突出控制功能的指令。

第三阶段（1983—1990 年）：8 位单片机的巩固发展及 16 位单片机的推出阶段，也是单片机向微控制器发展的阶段。

Intel 公司推出的 MCS-96 系列单片机将一些用于测控系统的模数转换器、程序运行监视器、脉宽调制器等纳入片中，体现了单片机的微控制器特征。随着 MCS-51 系列的广泛应用，许多电气厂商竞相使用 80C51 为内核，将许多测控系统中使用的电路技术、接口技术、多通道 A/D 转换部件、可靠性技术等应用到单片机中，增强了外围电路功能，强化了智能控制的特征。

第四阶段（1991 年至今）：微控制器的全面发展阶段。

随着单片机在各个领域全面深入地发展和应用，出现了高速、大寻址范围、强运算能力的 8 位/16 位/32 位通用型单片机以及小型廉价的专用型单片机。

2. 单片机的应用

由于单片机具有显著的优点，它已成为科技领域的有力工具、人类生活的得力助手。它的应用遍及各个领域，主要表现在以下几个方面：

1）单片机在智能仪表中的应用：单片机广泛地应用于各种仪器仪表，使仪器仪表智能化，并可以提高测量的自动化程度和精度，简化仪器仪表的硬件结构，提高其性价比。

2）单片机在机电一体化中的应用：机电一体化是机械工业发展的方向。机电一体化产品是指集机械技术、微电子技术、计算机技术于一体，具有智能化特征的机电产品。例如微机控制的车床、钻床等。单片机作为产品中的控制器，能充分发挥它体积小、可靠性高、功能强等优点，可大大提高机器的自动化、智能化程度。

3）单片机在实时控制中的应用：单片机广泛地用于各种实时控制系统中。例如，在工业测控、航空航天、尖端武器、机器人等各种实时控制系统中，都可以用单片机作为控制器。单片机的实时数据处理能力和控制功能可使系统保持在最佳工作状态，提高系统的工作效率和产品质量。

4）单片机在分布式多机系统中的应用：在比较复杂的系统中，常采用分布式多机系统。多机系统一般由若干台功能各异的单片机组成，它们通过串行通信相互联系、协调工作，各自完成特定的任务。单片机在这种系统中往往作为一个终端机，安装在系统的某些节点上,对现场信息进行实时测量和控制。单片机的高可靠性和强抗干扰能力使它可以在恶劣的环境下工作。

5) 单片机在人类生活中的应用:自从单片机诞生以来,它就步入了人类生活,如洗衣机、电冰箱、电子玩具、收录机等家用电器配上单片机后,提高了智能化程度,增加了功能,倍受人们喜爱。单片机使人类生活更加方便、舒适、丰富多彩。

综上所述,单片机已成为计算机发展和应用的一个重要方面。另一方面,单片机应用的重要意义还在于它从根本上改变了传统的控制系统设计思想和设计方法。从前必须由模拟电路或数字电路实现的大部分功能,现在已能用单片机通过软件方法来实现了。这种由软件代替硬件的控制技术也称为微控制技术,是传统控制技术的一次革命。

3. 单片机的家族(单片机系列)

虽然目前单片机的品种很多,但其中最具代表性的当数 Intel 公司的 MCS-51 单片机系列(表 1-1)。MCS-51 以其典型的结构、完善的总线、SFR 的集中管理模式、位操作系统和面向控制功能的丰富的指令系统,为单片机的发展奠定了良好的基础。MCS-51 系列的典型芯片是 80C51(CHMOS 型的 8051)。众多的厂商都介入了以 80C51 为代表的 8 位单片机的发展,如飞利浦(Philips)、西门子/英飞凌(Siemens/Infineon)、达拉斯(Dallas)、爱特美尔(Atmel)等公司。我们把这些公司生产的与 80C51 兼容的单片机统称为 80C51 系列。特别是近年来,80C51 系列又有了许多发展,推出了一些新产品,主要是改善单片机的控制功能,如内部集成了高速 I/O 口、ADC、PWM、WDT 等,以及低电压、微功耗、电磁兼容、串行扩展总线和控制网络总线性能等,见表 1-1。

表 1-1 Intel 公司 80C51/52 系列

型号/特性	80C31BH	80C51BH	80C51BHP	87C51	80C32AH	80C52AH	87C52BH
ROM/EPROM/bytes	ROMless	4K ROM	4K ROM	4K EPROM	ROMless	8K ROM	8K EPROM
数据存储器	128	128	128	128	256	256	256
工作频率/MHz	12/16	12/16	12/16	12/16/20/24	12	12	12
I/O 口	32	32	32	32	32	32	32
定时计数器	2	2	2	2	2	2	2
UART	1	1	1	1	1	1	1
中断源	5	5	5	5	6	6	6
PCA 通道	0	0	0	0	0	0	0
A/D 转换通道	0	0	0	0	0	0	0
DMA 通道	0	0	0	0	0	0	0
加密锁	—	1	p	3	—	0	2
空闲和掉电模式	yes	yes	yes	yes	—	—	—

Atmel 公司研制的 89CXX 系列将 flash memory(EEPROM)集成在 80C51 中,作为用户程序存储器,并不改变 80C51 的结构和指令系统。

Philips 公司的 83/87CXX 系列不改变 80C51 的结构、指令系统,省去了并行扩展总线,属于非总线的廉价单片机,特别适用于家电产品。

Infineon(原 Siemens 半导体)公司推出的 C500 系列单片机在保持与 80C51 兼容的前提下,增强了各项性能,尤其是增强了电磁兼容性能,增加了 CAN 总线接口,特别适用于工业控制、汽车电子、通信和家电领域。

鉴于 80C51 系列在硬件方面的广泛性、代表性和先进性以及指令系统的兼容性,可将其作为本教材的介绍对象。至于其他类型的单片机,在深入学习和掌握了 80C51 单片机之后再去学习也不是什么难事。

近几年在我国非常流行的单片机 AT89C51,在 80C51 基础上增强了许多特性,如由 Flash(程序存储器的内容至少可以改写 1 000 次)存储器取代了原来的一次性写入的 ROM,其性能相比于 8051 已经算是非常优越了。但在市场化方面,AT89C51 单片机受到了 PIC 单片机阵营的挑战,AT89C51 最致命的缺陷在于不支持 ISP 功能。AT89S51 就是在这样的背景下取代 89C51 单片机的。Atmel 公司目前已经停产 AT89C51 单片机,用 AT89S51 单片机代替。AT89S51 单片机在工艺上进行了改进,采用 0.35 新工艺,成本降低,功能提升,竞争力增强。AT89SXX 可以向下兼容 AT89CXX 等 51 系列芯片。表 1-2 是 AT89 系列单片机的主要分类及功能特性。本教材主要采用 AT89S51/52 芯片(由于 Proteus 软件中不包含 AT89S51/52 芯片,因此仿真时仍采用 AT89C51/52 芯片)。

表 1-2　Atmel 公司 AT89 系列单片机

系列	典型芯片	I/O 口	定时/计数器	中断源	串行通信口	片内 RAM	片内 ROM	新功能
标准型	AT89C51	32 个	2×16 位	6	1	128 字节	4K Flash Memory	
	AT89C52		3×16 位	8		256 字节	8K Flash Memory	
	AT89C55	32 个	3×16 位	8	1	256 字节	20K Flash Memory	
	AT89S51	32 个	2×16 位	6	1	128 字节	4K Flash Memory	Watchdog Timer
	AT89S52		3×16 位	8		256 字节	8K Flash Memory	
低档型	AT89C1051	15 个	2×16 位	6	无	64 字节	1K Flash Memory	
	AT89C2051	15 个	2×16 位	6	1	128 字节	2K Flash Memory	

(续表)

系列	典型芯片	I/O 口	定时/计数器	中断源	串行通信口	片内 RAM	片内 ROM	新功能
低档型	AT89C4051	15 个	2×16 位	6	1	128 字节	4K Flash Memory	
高档型	AT89C51RC	32 个	3×16 位	8	1	512 字节	32K Flash Memory	Watchdog Timer
	AT89C55WD	32 个	3×16 位	8	1	256 字节	20K Flash Memory	Watchdog Timer
	AT89S8252	32 个	3×16 位	9	1	256 字节	8K Flash Memory 2K EEPROM	SPI、 Watchdog Timer
	AT89S53	32 个	3×16 位	9	1	256 字节	12K Flash Memory	SPI、 Watchdog Timer

4. 单片机的优点

一块单片机芯片就是一台计算机。由于单片机的这种特殊结构形式,在某些应用领域中,它承担了大中型计算机和通用的卫星计算机无法完成的一些工作。单片机具有很多显著的优点,因此在各个领域中得到了迅猛发展。单片机的优点可以归纳为以下几个方面:

1) 具有优异的性价比

高性能、低价格是单片机最显著的一个特点。单片机可以尽可能地应用所需要的存储器,各种功能的 I/O 口都集成在一个芯片内,是名副其实的单片机。有的单片机为了提高速度和执行效率,采用了 RISC 流水线和 DSP 技术,使单片机的性能明显优于同性能的微处理器。有的单片机 ROM 可达 64 KB,片内可达 2 KB,单片机的寻址已突破 64 KB 的限制,八位和十六位单片机寻址可达 1 MB 和 16 MB。

单片机的另一个显著特点是量大面广。因为世界上各大公司在提高单片机性能的同时,进一步降低价格,提高性价比是各个公司竞争的主要策略。

2) 集成度高、体积小、可靠性高

单片机把各个功能部件都集成在一块芯片上,内部采用总线结构,减少了各芯片之间的连接,大大提高了单片机的可靠性与抗干扰能力。另外,其体积小,对于强磁场环境易于采取屏蔽措施,适合在恶劣的环境下工作。

3) 控制功能强

单片机是电子计算机这个庞大家庭的一个特色产品,体积虽小,但"五脏俱全",非常适合用于专门的控制用途。为了满足工业控制的要求,一般单片机的指令系统中有极其丰富的转移指令、I/O 口的逻辑操作以及位处理器功能。单片机的逻辑控制功能及运行速度均高于同一档次的微型计算机。

4）低电压、低功耗

单片机大量应用于便携式产品和家用消费产品,低电压和低功耗的特点尤为重要。许多单片机已可以在 2.3 V 的电压下运行,有的甚至可在 0.9 V 电压下工作,功耗至微安级,一个纽扣电池就可以使其长期工作。

1.1.3 单片机应用系统

1. 单片机芯片

一片半导体硅片上集成了中央处理单元(CPU)、存储器(RAM、ROM)、并行 I/O 口、串行 I/O 口、定时/计数器、中断系统、系统时钟电路及系统总线,具有微型计算机的属性,因而被称为单片微型计算机,简称单片机。

MCS-51 系列单片机及其内部结构如下(见图 1-1):

1）中央处理器 CPU:8 位,具有运算和控制功能。

2）内部 RAM:共 256 个 RAM 单元,用户使用前 128 个单元,用于存放可读写数据,后 128 个单元被专用寄存器占用。

3）内部 ROM:4 KB 掩膜 ROM,用于存放程序、原始数据和表格。

4）定时/计数器:两个 16 位的定时/计数器,实现定时或计数功能。

5）并行 I/O 口:4 个 8 位的 I/O 口 P0、P1、P2、P3。

6）串行口:1 个全双工串行口。

7）中断控制系统:5 个中断源(外中断 2 个,定时/计数中断 2 个,串行中断 1 个)。

8）时钟电路:可产生时钟脉冲序列,允许晶振频率为 6 MHz 和 12 MHz。

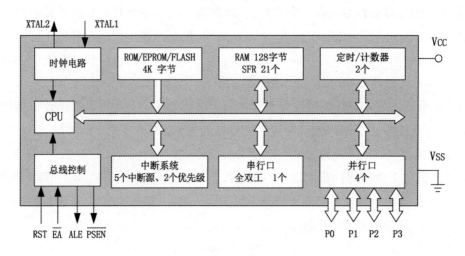

图 1-1　MCS-51 系列单片机的结构框图

2. 单片机应用系统组成

衡量单片机是否学通了,主要看能否利用它开发产品,能否将它应用到仪器仪表、家用电器、智能玩具及实时控制系统等各个领域。在电子产品中,利用单片机实施控制的系统被称为单片机应用系统。单片机应用系统所需软硬件设备及连接形式如图 1-2 所示,包括计算机、工具软件、串/并行口通信电缆、单片机在线仿真器、电源、单片机应用系统及连接用户板的仿真插座。

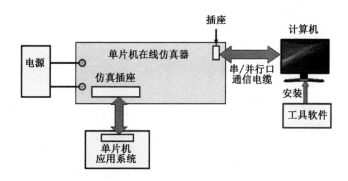

图 1-2　单片机应用系统所需软硬件设备及连接形式

3. 单片机的应用过程

由于单片机自身的特点,它的应用面非常广。因此在进行应用系统设计时,技术要求各有不同,但不管开发什么样的单片机应用产品,总体的设计方法和开发步骤是基本相同的。

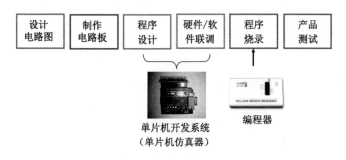

图 1-3　单片机系统开发应用过程

一般来说,一个单片机应用系统的开发大致分为以下几个步骤(见图 1-3):

(1) 总体设计。总体设计主要是要明确应用系统的功能和主要技术指标,在论证系统的可行性,综合考虑系统的可靠性、可维护性和成本之后确定整体的设计方案。方案设计中大致包括机型选择、器件选择和软/硬件功能划分等。若系统较大,则将其划分为多个功能模块,并应明确各模块的功能及相互之间的衔接问题。

(2) 硬件设计。在整体设计方案的基础上,依据系统的功能及主要技术指标要求,确定外围电路的具体设计方案。然后设计系统各功能模块电路及接口电路,画出具体的原理图并进行仿真验证。同时还要注意考虑工作环境的因素,解决硬件上的干扰和功耗等问题。最后进行 PCB 板的设计、制作、安装和调试。

(3) 软件设计。软件设计是单片机应用系统设计过程中的关键部分,它可以与硬件设计同步进行。软件设计要根据硬件电路设计出相应的功能程序,并在硬件平台上进行调试,根据调试结果进一步改进设计方案,再重复(2)、(3)两步,以期达到产品的设计要求。

（4）系统调试与维护。此阶段要进行系统调试与性能测定。调试时,应将系统硬件和软件分别测试,各部分都调试通过后再进行联调。调试完成后,应模拟现场条件,对软、硬件进行性能测定并现场使用,以便验证系统的功能。最后还要考虑日常维护、产品化、功能扩展、升级完善等问题。

1.1.4　MCS-51 单片机芯片外部引脚

AT89C51 单片机的外部引脚见图 1-4。

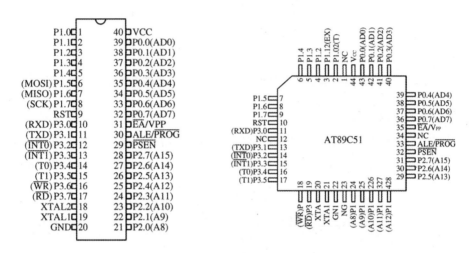

图 1-4　AT89C51 单片机的外部引脚图

1. 4 个 I/O 口的组成及功能

1）P0 口

P0 口是一个 8 位漏极开路型双向 I/O 口,即地址/数据总线复用口,能驱动 8 个 TTL 逻辑门电路。在访问外部存储器时,P0 口可用于分时传送低 8 位地址总线和 8 位数据总线。在 Flash 编程时,P0 口接收指令字节;而在程序校验时,输出指令字节,校验时,要求外接上拉电阻。

2）P1 口

P1 是一个带内部上拉电阻的 8 位双向 I/O 口,可驱动 4 个 TTL 逻辑门电路。Flash 编程和程序校验期间,P1 接收低 8 位地址。表 1-3 为 P1 端口引脚的第二功能说明。

表 1-3　P1 端口引脚的第二功能说明

端口引脚	第二功能
P1.5	MOSI（用于 ISP 编程）
P1.6	MISO（用于 ISP 编程）
P1.7	SCK（用于 ISP 编程）

3）P2 口

P2 是一个带有内部上拉电阻的 8 位双向 I/O 口，在访问外部存储器时，P2 口可用于高 8 位地址总线，能驱动 4 个 LSTTL 门。Flash 编程或校验时，P2 亦接收高位地址和其他控制信号。

4）P3 口

P3 是一个带有内部上拉电阻的 8 位双向 I/O 口，能驱动 4 个 LSTTL 门。P3 口除了作为一般的 I/O 端口外，更重要的用途是它的第二功能（表 1-4）。

表 1-4　P3 端口各引脚与第二功能表

第一功能	第二功能	第二功能信号名称
P3.0	RXD	串行数据接收
P3.1	TXD	串行数据发送
P3.2		外部中断 0 申请
P3.3		外部中断 1 申请
P3.4	T0	定时/计数器 0 的外部输入
P3.5	T1	定时/计数器 1 的外部输入
P3.6		外部 RAM 写选通
P3.7		外部 RAM 读选通

2. 电源

AT89C51 单片机的电源线有以下两种：

1）V_{CC}：5 V 电源线。

2）V_{SS}：接地线。

3. 外接晶体引脚

AT89C51 单片机的外接晶体引脚有以下两种：

1）XTAL1：片外振荡器反向放大器的输入端和内部时钟工作的输入端。采用内部振荡器时，它接外部石英晶体和微调电容的一个引脚。

2）XTAL2：片外振荡器反向放大器的输入端，接外部石英晶体和微调电容的另一个引脚。采用外部振荡器时，该引脚悬空。

4. 控制线

AT89C51 单片机的控制线有以下几种：

1）RST：复位输入端，高电平有效。

2）ALE/$\overline{PROG}$：地址锁存允许/编程线。

3）$\overline{PSEN}$：外部程序存储器的读选通线。

4）$\overline{EA}$/V_{PP}：外部 ROM 允许访问端/编程电源线。

1.1.5 MCS-51 单片机的存储器

AT89C51 单片机存储器采用哈佛型结构,即将程序存储器(ROM)和数据存储器(RAM)分开,它们有各自独立的存储空间、寻址机构和寻址方式。

1. 程序存储器的物理和逻辑空间

AT89C51 程序存储器有片内和片外之分。片内有 4 KB 的 Flash 程序存储器,地址范围为 0000H～0FFFH。当使用不够时,可扩展片外程序存储器。因程序计数器(PC)和程序地址指针(DPTR)都是 16 位的,所以片外程序存储器扩展的最大空间是 64 KB,地址范围为 0000H～FFFFH,如图 1-5(a)所示。

2. 数据存储器的物理和逻辑空间

AT89C51 数据存储器也有片内和片外之分。片内有 256 字节的 RAM,地址范围为 00H～FFH。片外数据存储器可扩展 64 KB 存储空间,地址范围为 0000H～FFFFH,但两者的地址空间是分开的,各自独立,结构分配如图 1-5(b)所示。

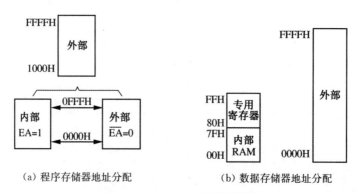

(a) 程序存储器地址分配　　　　　(b) 数据存储器地址分配

图 1-5　AT89C51 存储器结构图

1) 片内数据存储器

AT89C51 单片机片内数据存储器可分为两部分:00H～7FH 单元空间的 128 字节为内部 RAM 区,80H～FFH 单元空间的 128 字节为专用寄存器(SFR)区。两部分的地址空间是连续的。

(1) 片内 RAM 区:共 128 字节,它又可划分为通用寄存器区、位寻址区、普通 RAM 区,如表 1-5 所示。

① 通用寄存器区:00H～1FH 这 32 个单元为通用寄存器区,分为四组,每组占 8 个 RAM 单元,地址由小到大分别用代号 R0～R7 表示。通过设置程序状态字 PSW 中的 RS1、RS0 状态来决定哪一组寄存器工作,如表 1-5 所示。

表 1-5　AT89C51 内部 RAM 空间分配

7FH ⋮ 30H		普通 RAM 区

（续表）

2FH	7F	7E	7D	7C	7B	7A	79	78	
2EH	77	76	75	74	73	72	71	70	
2DH	6F	6E	6D	6C	6B	6A	69	68	
2CII	67	66	65	64	63	62	61	60	
2BH	5F	5E	5D	5C	5B	5A	59	58	
2AH	57	56	55	54	53	52	51	50	
29H	4F	4E	4D	4C	4B	4A	49	48	
28H	47	46	45	44	43	42	41	40	
27H	3F	3E	3D	3C	3B	3A	39	38	位寻址区
26H	37	36	35	34	33	32	31	30	
25H	2F	2E	2D	2C	2B	2A	29	28	
24H	27	26	25	24	23	22	21	20	
23H	1F	1E	1D	1C	1B	1A	19	18	
22H	17	16	15	14	13	12	11	10	
21H	0F	0E	0D	0C	0B	0A	09	08	
20H	07	06	05	04	03	02	01	00	
1FH ⋮ 18H	3组								
17H ⋮ 10H	2组								通用寄存器区
0FH ⋮ 08H	1组								
07H ⋮ 00H	0组								

② 位寻址区：20H～2FH 这 16 个单元为位寻址区。它有双重寻址功能,既可以进行位寻址操作,也可以同普通 RAM 单元一样按字节进行寻址操作。

③ 普通 RAM 区：30H～7FH 这 80 个单元为普通 RAM 区。用于存放用户数据,只能按字节存取。

④ 堆栈区：堆栈是片内 RAM 存储器中的特殊群体。

（2）专用寄存器区：片内 80H～FFH 这一区间，AT89C51 集合了一些特殊用途的寄存器，一般称之为特殊功能寄存器 SFR。每个 SFR 占有 1 个 RAM 单元，它们离散地分布在 80H～FFH 地址范围内，如表 1-6 所示。

表 1-6　AT89C51 特殊 SFR 一览表

SFR 符号	地址	复位值（二进制）	功能名称
* ACC	0E0H	00000000	累加器
* B	0F0H	00000000	B 寄存器
PSW	0D0H	00000000	秩序状态字
SP	81H	00000111	堆栈指针
DPL	82H	00000000	数据寄存器指针（低 8 位）
DPH	83H	00000000	数据寄存器指针（高 8 位）
* P0	80H	11111111	P0 口锁存器
* P1	90H	11111111	P1 口锁存器
* P2	0A0H	11111111	P2 口锁存器
* P3	0B0H	11111111	P3 口锁存器
* IP	0B8H	XXX00000	中断优先级控制寄存器
* IE	0A8H	XX000000	中断允许控制寄存器
TMOD	89H	00000000	定时/计数器方式控制寄存器
* TCON	88H	00000000	定时/计数器控制寄存器
TH0	8CH	00000000	定时/计数器 0 高字节
TL0	8AH	00000000	定时/计数器 0 低字节
TH1	8DH	00000000	定时/计数器 1 高字节
TL1	8BH	00000000	定时/计数器 1 低字节
* SCON	98H	00000000	串行控制寄存器
SBUF	99H	不定	串行数据缓冲器
PCON	87H	0XXX0000	电源控制寄存器

没有被 SFR 占据的地址可能在片内并不存在。读取这些地址时，通常会得到随机的数据，而写入时将会有不确定的效应，因此软件设计时不要使用这些单元。特殊功能寄存器通常用寄存器寻址，但也可以用直接寻址方式进行字节访问。其中 11 个寄存器还可进行位寻址（表 1-6 中带 * 号的寄存器）操作，其位地址的分配如表 1-7 所示。

表 1-7　SFR 中的位地址分配

寄存器符号	位地址								字节地址
	D7	D6	D5	D4	D3	D2	D1	D0	
B	F7	F6	F5	F4	F3	F2	F1	F0	F0H
ACC	E7	E6	E5	E4	E3	E2	E1	E0	E0H
PSW	D7	D6	D5	D4	D3	D2	D1	D0	D0H
IP				BC	BB	BA	B9	B8	B8H
P3	B7	B6	B5	B4	B3	B2	B1	B0	B0H
IE	AF			AC	AB	AA	A9	A8	A8H
P2	A7	A6	A5	A4	A3	A2	A1	A0	A0H
SCON	9F	9E	9D	9C	9B	9A	99	98	98H
P1	97	96	95	94	93	92	91	90	90H
TCON	8F	8E	8D	8C	8B	8A	89	88	88H
P0	87	86	85	84	83	82	81	80	80H

2) 片外数据存储器

AT89C51 单片机可扩展片外 64 KB 空间的数据存储器,地址范围为 0000H～FFFFH,它与程序存储器的地址空间是重合的,但两者的寻址指令和控制线不同。

1.1.6　MCS-51 单片机的内部结构

AT89 系列单片机在结构上基本相同,只是在个别模块和功能上有些区别。图 1-6 是 AT89C51 单片机的内部结构框图。它包含了作为微型计算机所必需的基本功能部件,各功能部件通过片内单一总线连成一个整体,集成在一块芯片上。

1. 中央处理器(CPU)

CPU 是单片机内部的核心部件,是一个 8 位二进制数的中央处理单元,主要由运算器、控制器和寄存器阵列构成。

1) 运算器

运算器用来完成算术运算和逻辑运算功能,它是 AT89C51 内部处理各种信息的主要部件。运算器主要由算术逻辑单元(ALU)、累加器(ACC)、暂存寄存器(TMP1、TMP2)和状态寄存器(PSW)组成。

(1) 算术逻辑单元(ALU):AT89C51 中的 ALU 由加法器和一个布尔处理器组成。

(2) 累加器(ACC):用来存放参与算术运算和逻辑运算的一个操作数或运算的结果。

(3) 暂存寄存器(TMP1、TMP2):用来存放参与算术运算和逻辑运算的另一个操作数,它对用户不开放。

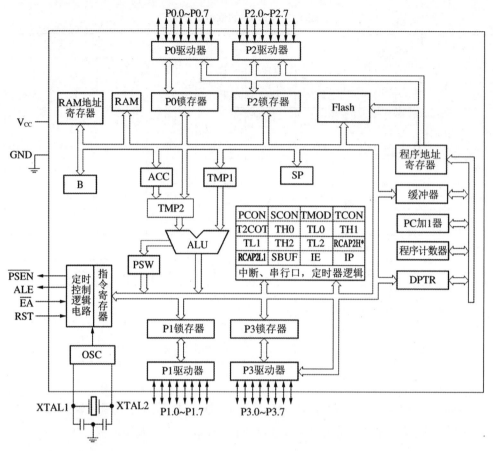

图 1-6　AT89C51 内部结构框图

（4）状态寄存器（PSW）：PSW 是一个 8 位标志寄存器，用来存放 ALU 操作结果的有关状态。

CY	AC	F0	OV	RS1	RS0	—	P

CY——进位/借位标志；位累加器。

AC——辅助进/借位标志；用于十进制调整。

F0——用户定义标志位；软件置位/清零。

OV——溢出标志；硬件置位/清零。

RS1、RS0——寄存器区选择控制位。

P——奇偶标志，A 中 1 的个数为奇数 P＝1，否则 P＝0。

$$
\begin{array}{llll}
0 & 0: & 0 \text{区} & R0\sim R7 \\
0 & 1: & 1 \text{区} & R0\sim R7 \\
1 & 0: & 2 \text{区} & R0\sim R7 \\
1 & 1: & 3 \text{区} & R0\sim R7 \\
\end{array}
$$

2）控制器

控制器是单片机内部按一定时序协调工作的控制核心，是分析和执行指令的部件。控制器主要由程序计数器 PC、指令寄存器 IR、指令译码器 ID 和定时控制逻辑电路等构成。

程序计数器 PC 是专门用于存放现行指令的 16 位地址的。CPU 就是根据 PC 中的地址到 ROM 中去读取程序指令码和数据，并送给指令寄存器 IR 进行分析。

指令寄存器 IR 用于存放 CPU 根据 PC 地址从 ROM 中读出的指令操作码。

指令译码器 ID 是用于分析指令操作的部件，指令操作码经译码后产生响应某一特定操作的信号。

定时控制逻辑中定时部件用来产生脉冲序列和多种节拍脉冲。

3）寄存器阵列

寄存器阵列是单片机内部的临时存储单元或固定用途单元，包括通用寄存器组和专用寄存器组。

通用寄存器组用来存放过渡性的数据和地址，可提高 CPU 的运行速度。

专用寄存器组主要用来指示当前要执行指令的内存地址，存放特定的操作数，指示指令运行的状态等。

2. 存储器

AT89C51 单片机内部有 256 字节的 RAM 数据存储器和 4 KB 的闪存程序存储器（Flash）。当不够使用时，可分别扩展为 64 KB 外部 RAM 存储器和 64 KB 外部程序存储器。它们的逻辑空间是分开的，并有各自的寻址机构和寻址方式。这种结构的单片机称为哈佛型结构单片机。

程序存储器是可读不可写的，用于存放编好的程序和表格常数。

数据存储器是既可读也可写的，用于存放运算的中间结果，进行数据暂存及数据缓冲等。

3. I/O 端口

AT89C51 单片机对外部电路进行控制或交换信息都是通过 I/O 端口进行的。单片机的 I/O 端口分为并行 I/O 端口和串行 I/O 端口，它们的结构和作用并不相同。

1）并行 I/O 端口

AT89C51 有 4 个 8 位并行 I/O 端口，分别命名为 P0 口、P1 口、P2 口和 P3 口，它们都是 8 位准双向口，每次可以并行输入或输出 8 位二进制信息。

2）串行 I/O 端口

AT89C51 有 1 个全双工的可编程串行 I/O 端口，它利用了 P3 口的第二功能，即将 P3.1 引脚作为串行数据的发送线 TXD，将 P3.0 引脚作为串行数据的接收线 RXD。

4. 定时/计数器

AT89C51 内部有 2 个 16 位可编程定时/计数器，简称为定时器 0（T0）和定时器 1（T1）。T0 和 T1 分别由 2 个 8 位寄存器构成，其中 T0 由 TH0（高 8 位）和 TL0（低 8 位）构成，T1 由 TH1（高 8 位）和 TL1（低 8 位）构成。TH0、TL0、TH1、TL1 都是 SFR 中的特殊功能寄存器（见图 1-6）。

T0 和 T1 在定时器控制寄存器 TCON 和定时器方式选择寄存器 TMOD 的控制下（TCON、TMOD 为特殊功能寄存器），可工作在定时器模式或计数器模式下，每种模式下又有不同的工作方式。当定时或计数溢出时还可申请中断。

5. 中断系统

单片机中的中断是指 CPU 暂停正在执行的原程序转而为中断源服务（执行中断服务程序），在执行完中断服务程序后再回到原程序继续执行。中断系统是指能够处理上述中断过程所需要的部分电路。

AT89C51 的中断系统由中断源、中断允许控制器 IE、中断优先级控制器 IP、定时器控制器 TCON（中断标志寄存器）等构成，IE、IP、TCON 均为 SFR 中的特殊功能寄存器。

6. 内部总线

总线是用于传送信息的公共途径。总线可分为数据总线、地址总线、控制总线。单片机内的 CPU、存储器、I/O 接口等单元部件都是通过总线连接到一起的。采用总线结构可以减少信息传输线的根数，提高系统可靠性，增强系统灵活性。

AT89C51 单片机内部总线是单总线结构，即数据总线和地址总线是公用的（分时复用）。

训练技能

1.1.7　引导文（学生用）

学习领域	单片机小系统设计与制作
项　　目	单片机小系统的设计与制作（LED 的控制）
工作任务	单片机最小系统的设计与制作
学　　时	
任务描述：根据提供的单片机及其外围元器件，设计和制作单片机最小工作系统。	
学习目标：了解常用单片机的种类，识别单片机型号。 　　　　　掌握单片机最小系统的构成。 　　　　　熟悉单片机系统的开发流程。 　　　　　培养学生良好的工程意识、职业道德和敬业精神。	
资讯阶段	将学生按 6 人一组分成若干个小组，确定小组负责人。 小组名称：　　　小组负责人：　　　小组成员： 1. 简述单片机的发展概况和趋势。 2. 简述常用 MCS-51 单片机的种类和基本性能。 3. 简述单片机的数制、码制及编码。 4. 简述 MCS-51 单片机常用引脚和功能。 5. 什么是最小系统，由哪几部分构成？

计划、决策阶段	1. 每小组再按 2 人一组分成 3 个小分组。 2. 明确任务,并确定准备工作。 3. 小组讨论,进行合理分工,确定实施顺序。 请根据学时要求作出团队工作计划表:

分组号	成员	完成时间	责任人

实施阶段	1. 根据提供的单片机及其外围元器件实物,了解单片机及其外围元器件的外形特点。 2. 区分不同类型的单片机,熟悉其性能参数、结构及应用差异。 3. 查找资料,确定单片机最小系统的构成。 4. 查找资料,了解单片机应用系统的开发过程。 5. 思考在工作过程中如何提高效率。 6. 对整个工作的完成情况进行记录。

检查阶段	1. 效果检查:各小组先自己检查控制效果是否符合要求。 2. 检验方法的检查:小组中一人对观测成果的记录、计算进行检查,其他人评价其操作的正确性及结果的准确性。 3. 资料检查:各小组上交前应先检查需要上交的资料是否齐全。 4. 小组互检:各小组将资料准备齐全后,交由其他小组进行检查,并请其他小组提出意见。 5. 教师检查:各小组资料及成果检查完毕后,由教师进行专项检查,作出评价并填写评价记录。

评估阶段	一、评分办法和分值分配如下:

内　容	分值	扣分办法
1. 原理图绘制	20 分	每处错误扣 2 分
2. 程序设计	20 分	每处错误扣 2 分
3. 联合仿真	20 分	无效果扣 15 分,效果错误扣 10 分
4. 硬件制作	20 分	每错一项扣 5 分
5. 出勤状况	20 分	迟到 5 min 扣 5 分,迟到 1 h 扣 10 分, 2 h 扣 20 分,缺勤半天扣 20 分

注:

1. 每人必须在规定时间内完成任务。

2. 如超时完成任务,则每超过 10 min 扣减 5 分。

3. 小组完成后及时报请验收并清场。

（续表）

评估阶段	二、进行考核评估

二、进行考核评估

小组自评与互评成绩评定表

学生姓名_____ 学号_____ 教师_____ 班级_____

序号	考评项目	分值	考核办法	成员名单				
1	学习态度	20	出勤率、听课态度、实训表现等					
2	学习能力	20	回答问题、完成学生工作的质量					
3	操作能力	40	成果质量					
4	团结协作精神	20	以所在小组完成工作的质量、速度等进行评价					
	自评与互评得分							

1.1.8　任务设计（老师用）

学习领域	单片机小系统设计与制作		
工作项目	单片机小系统的设计与制作（LED 的控制）		
工作任务	单片机最小系统的设计与制作	学时	6
学习目标	1. 了解常用单片机的种类，识别单片机型号。 2. 掌握单片机最小系统的构成。 3. 熟悉单片机系统的开发流程。 4. 培养学生良好的工程意识、职业道德和敬业精神。		
工作任务描述	根据提供的单片机及其外围元器件，设计和制作单片机最小工作系统。		
学习任务设计	1. 分析所给单片机的型号，简述 51 系列单片机的内部结构。 2. 描述单片机最小工作系统的组成。		
提交成果	1. 自评与互评评分表。 2. 作业。		
学习内容	学习重点： 1. 51 系列单片机的内部结构。 2. AT89C51 引脚功能。 学习难点： 1. 51 系列单片机的内部结构。 2. AT89C51 引脚功能。		
教学条件	1. 教学设备：单片机试验箱、计算机。 2. 学习资料：学习材料、软件使用说明、焊接工艺流程、视频资料。 3. 教学场地：一体化教室、一体化实训场。		

教学设计与组织	一、咨询阶段 1. 教师简述单片机的发展概况和趋势。（教师引导学生思考） 2. 讲解常用 MCS-51 单片机的种类和基本性能。（教师讲解，动画展示） 3. 讲解单片机的数制、码制及编码。（教师讲解与示范，学生模仿） 4. 讲解 MCS-51 单片机常用引脚和功能。（教师讲解与示范，学生模仿） 5. 安排工作任务。（6 名学生一组） 二、计划、决策阶段 1. 明确任务。 2. 小组讨论，分成 3 个小组，进行分工协作安排。 三、实施阶段 1. 分组讨论，分析所给 AT89C51 单片机的特点。 2. 查找资料，确定所给单片机的相关参数。 3. 查找资料，确定单片机最小系统的构成。（学生操作，教师指导） 四、检查阶段 各小组先自己检查控制效果是否符合要求，然后由小组之间互相检查，最后指导教师检查确认。（以学生自查为主，教师指导为辅） 五、评估阶段 1. 各小组选出一人陈述测测过程和成果，指导教师对实施过程和成果进行点评。 2. 根据学生自评、小组互评和教师评价进行综合成绩评定。	
考核标准 （100 分）	成果评定（50 分）	教师根据学生提交成果的准确性和完整性进行成绩评定，占 50%。
	学生自评（10 分）	学生根据自己在任务实施过程中的作用及表现进行自评，占 10%。
	小组互评（15 分）	小组成员根据工作表现、发挥的作用、协作精神等互评，占 15%。
	教师评价（25 分）	根据考勤、学习态度、吃苦精神、协作精神、职业道德等进行评定； 根据任务实施过程每个环节及结果进行评定； 根据实习报告质量进行评定。 综合以上评价，占 25%。

1.1.9　工具、设备及材料

工具：电烙铁、吸锡器、镊子、剥线钳、尖嘴钳、斜口钳等。

设备：单片机试验箱、万用表、计算机等。

材料：AT89C51 单片机一块，相关电阻、电容一批，晶振一个，电路万用板一块，导线若干，焊锡丝，松香等。

1.1.10　成绩报告单（以小组为单位和以个人为单位）

序号	工作过程	主要内容	评分标准	分配	学生（自评）		教师	
					扣分	得分	扣分	得分
1	资讯 （10 分）	任务相关知识查找	查找相关知识，该任务知识掌握度达到 60%，扣 5 分	10				
			查找相关知识，该任务知识掌握度达到 80%，扣 2 分					
			查找相关知识，该任务知识掌握度达到 90%，扣 1 分					

（续表）

序号	工作过程	主要内容	评分标准	分配	学生（自评）		教师	
					扣分	得分	扣分	得分
2	决策计划（10分）	确定方案编写计划	制定整体方案,实施过程中修改一次,扣2分	10				
3	实施（10分）	记录实施过程步骤	实施过程中,步骤记录不完整达到10%,扣2分	10				
			实施过程中,步骤记录不完整达到20%,扣3分					
			实施过程中,步骤记录不完整达到40%,扣5分					
4	检查评价（60分）	小组讨论	自我评述完成情况	5				
			小组效率	5				
		整理资料	设计规则和工艺要求的整理	5				
			参观了解学习资料的整理	5				
		设计制作过程	设计制作过程的记录	10				
			焊接工艺的学习	5				
			外围元器件的识别	5				
			程序下载工具的学习	5				
			工厂参观过程的记录	5				
			常见编译软件的学习	10				
5	职业规范团队合作（10分）	安全生产	安全文明操作规程	3				
		组织协调	团队协调与合作	3				
		交流与表达能力	用专业语言正确流利地简述任务成果	4				
		合计		100				
学生自评总结								
教师评语								
学生签字			年 月 日	教师签字			年 月 日	

1.1.11 思考与训练

一、选择题

1. MCS-51 单片机的 CPU 主要由（　　）组成。

A. 运算器、控制器　　　　　B. 加法器、寄存器

C. 运算器、加法器　　　　　D. 运算器、译码器

2. 单片机中的程序计数器 PC 用来（　　　）。

A. 存放指令　　　　　　　　　　　B. 存放正在执行的指令地址

C. 存放下一条指令地址　　　　　　D. 存放上一条指令地址

3. 单片机 AT89C51 的引脚（　　　）。

A. 必须接地　　　B. 必须接+5 V　　C. 可悬空　　　　D. 以上三种视需要而定

4. PSW 中的 RS1 和 RS0 用来（　　　）。

A. 选择工作寄存器区号　　　　　　B. 指示复位

C. 选择定时器　　　　　　　　　　D. 选择工作方式

5. 单片机上电复位后，PC 的内容和 SP 的内容为（　　　）。

A. 0000H，00H　　　　　　　　　　B. 0000H，07H

C. 0003H，07H　　　　　　　　　　D. 0800H，08H

二、填空题

1. MCS-51 单片机的 XTAL1 和 XTAL2 引脚是_____引脚。

2. MCS-51 单片机的数据指针 DPTR 是一个 16 位的专用地址指针寄存器，主要用来_____。

3. MCS-51 单片机中输入/输出端口中，常用于第二功能的是_____。

4. MCS-51 单片机内存的堆栈是一个特殊的存储区，用来_____，它是按后进先出的原则存取数据的。

5. 单片机应用程序一般存放在_____中。

任务 1.2　彩灯闪烁控制电路的设计与制作

1.2.1　任务书

学生学号		学生姓名		成绩	
任务名称	彩灯闪烁控制电路的设计与制作	学时	6	班级	
实训材料与设备	参阅 1.2.7 节	实训场地		日期	
任务	设计一个简单的单片机控制系统，实现用 P1 口控制 1 个发光二极管闪烁。				
目标	1）熟悉 I/O 口的基本功能。 2）掌握 LED 的工作原理和相关背景知识。 3）熟悉汇编语言和 C 语言的编程格式。 4）熟悉 Keil，Proteus 的基本使用方法。 5）理解彩灯闪烁控制电路的构成、工作原理和电路中各器件的作用。				

（一）资讯问题

1) I/O 口的基本功能是什么?

2) 什么是 LED? 简述其工作原理和应用及相关背景知识。

3) LED 如何闪烁?

4) 彩灯控制系统电路如何构建?

（二）决策与计划

决策:

1) 分组讨论,分析 LED 闪烁的实现。

2) 查找资料,确定彩灯闪烁单片机应用系统电路的工作原理。

3) 每组选派一位成员汇报任务结果。

计划:

1) 根据操作要求,使用相关知识和工具按步骤完成相关内容。

2) 列出设计单片机应用系统时需注意的问题。

3) 确定本工作任务需要使用的工具和辅助资料,填写下表。

项目名称			
工作流程	使用的工具	相关资料	备注

（三）实施

1) 根据控制要求,用 Proteus 软件绘制电路原理图。

2) 用 Keil 软件编写、调试程序。

3) Proteus、Keil 联合仿真调试,达到控制要求。

4) 将调试无误后的程序下载到单片机中。

5) 根据原理图,在提供的电路万用板上合理地布置电路所需元器件,并进行元器件、引线的焊接。

6) 检查元器件的位置是否正确、合理,各焊点是否牢固可靠、外形美观,最后对整个单片机进行调试,检查是否符合任务要求。

7) 思考在工作过程中如何提高效率。

8) 对整个工作的完成情况进行记录。

（四）检查（评估）

检查:

1) 学生填写检查单。

2) 教师评价。

评估:

1) 小组讨论,自我评述完成情况及发生的问题,并将问题写入汇报材料。

2) 小组共同给出提高效率的建议,并将建议写入汇报材料。

3) 小组准备汇报材料,每组选派一人进行汇报。

4) 整理相关资料,列表说明项目资料及资料来源,注明存档情况。

引领知识

1.2.2 Keil 软件的实训环境

1. Keil 的安装

安装 Keil51 中文版，双击图标 后按以下流程安装（图 1-7～图 1-11）：

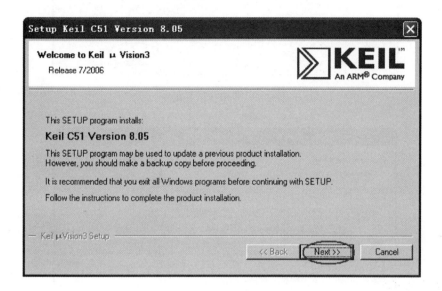

图 1-7 Keil 安装界面 1

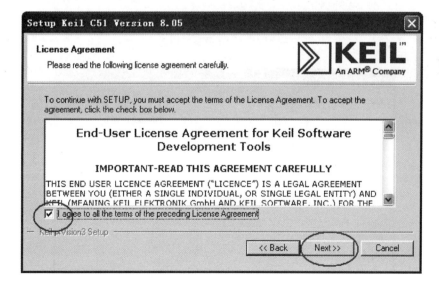

图 1-8 Keil 安装界面 2

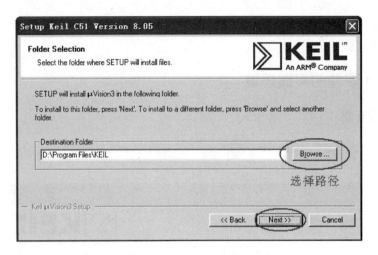

图 1-9　Keil 安装界面 3

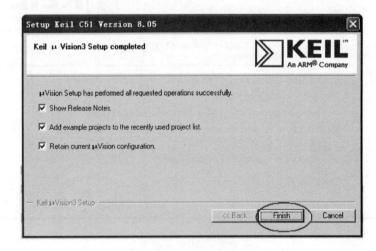

图 1-10　Keil 安装界面 4

图 1-11　Keil 安装界面 5

返回到桌面打开软件 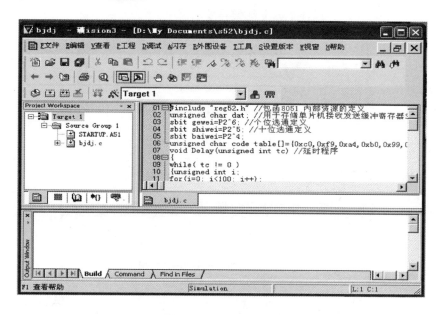，即可使用（如图 1-12）。

图 1-12　Keil 使用界面

2. Keil 的使用（基本功能）

1）我们先新建一个工程文件，点击"P 工程"菜单（如图 1-13 所示）。

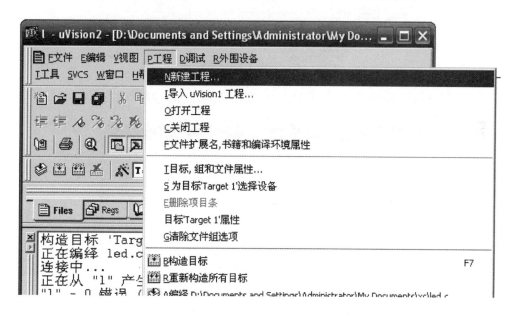

图 1-13　新建工程文件

2）选择工程文件要存放的路径，输入工程文件名 LED，最后单击保存（图 1-14）。

图 1-14 保存工程

3）在弹出的对话框中选择 CPU 厂商及型号（图 1-15）。

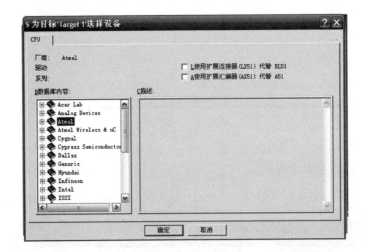

图 1-15 选择厂商及型号

4）选择好 Atmel 公司的 AT89S51/52 或 AT89C51/52 后，单击确定（图 1-16）。

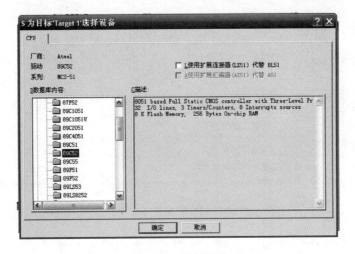

图 1-16 选择型号

5) 新建一个 C51 文件,单击左上角的 New File(新建文件)(如图 1-17 所示)。

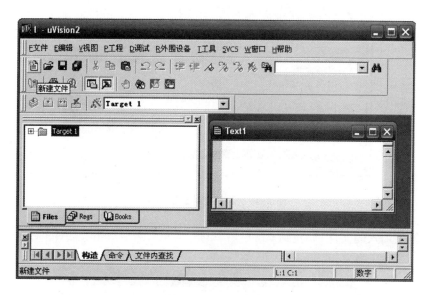

图 1-17 新建文件

6) 保存新建文件,使文件名为 ∗.C 的扩展名(C 语言编程)或者 ∗.ASM(汇编语言编程)(图 1-18)。

图 1-18 保存文件

7) 保存好后把此文件加入工程中的方法如下:用鼠标在 Source Group1 上单击右键,然后再单击添加文件到组'Source Group 1'(如图 1-19 所示)。

图 1-19 添加文件到工程中

8）选择要加入的文件，如找到 led. C 后，单击"Add"，然后单击关闭（图 1-20）。

图 1-20 选择添加文件

9）程序编辑后选择左窗口"目标 Target 1 属性"，点击右键选择"输出"，将"E 生成 HEX 文件"打钩。然后点击确定，如图 1-21、图 1-22 所示。

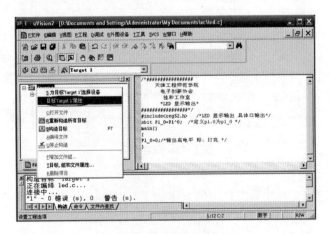

图 1-21 修改属性

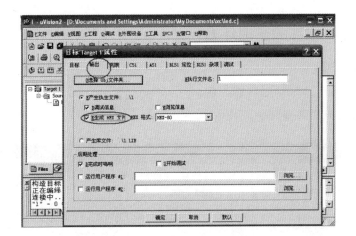

图 1-22　修改输出属性参数

10）按快捷键 F7 或者图标 ，编译程序（图 1-23）。

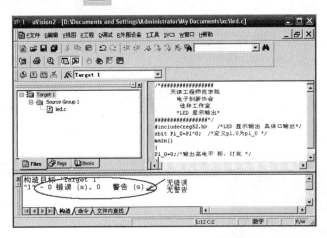

图 1-23　编译无误界面

11）若有错误或警告，需在右侧程序编辑区修改程序重新执行第 10 步，至无错误或警告，生成 .HEX文件为止（图 1-24）。

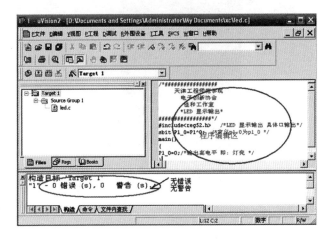

图 1-24　编译完成界面

1.2.3 Proteus 软件的实训环境

1. Proteus 的安装

下面以 Proteus 7.8 SP2 破解版为例,介绍安装过程。

1) 解压 Proteus 7.8 安装包,双击"P7.8SP2.exe"(图 1-25)。

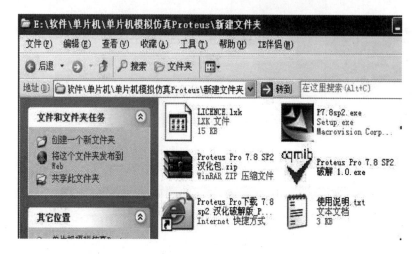

图 1-25　解压安装包

2) 点击"Next"(图 1-26)。

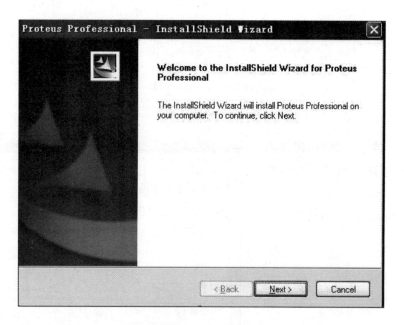

图 1-26　Proteus 安装界面 1

3) 点击"Yes"(图 1-27)。

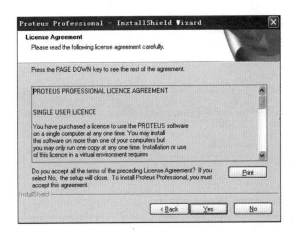

图 1-27 Proteus 安装界面 2

4）点击"Next"（图 1-28）。

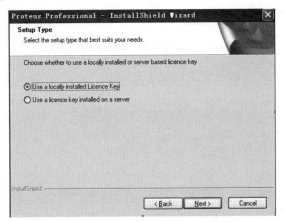

图 1-28 Proteus 安装界面 3

5）点击"Next"（图 1-29）。

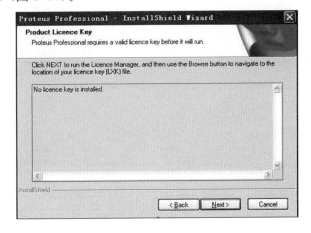

图 1-29 Proteus 安装界面 4

6）点击"Browse For Key File"，从安装包中找到 LICENCE. lxk 文件，点击打开。或点击"Find All Key Files"自动查找 LICENCE. lxk 文件，点击打开（图 1-30）。

图 1-30　Proteus 安装界面 5

7）选取"老王（cqmib168@gmail.com）"后，点击"Install"（图 1-31）。

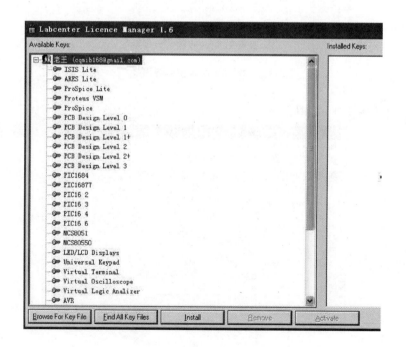

图 1-31　Proteus 安装界面 6

8）点击"是"（图 1-32）。

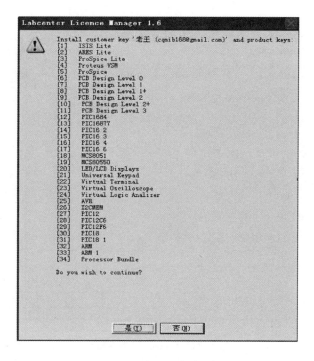

图 1-32　Proteus 安装界面 7

9）点击"Close" 按钮关闭（图 1-33）。

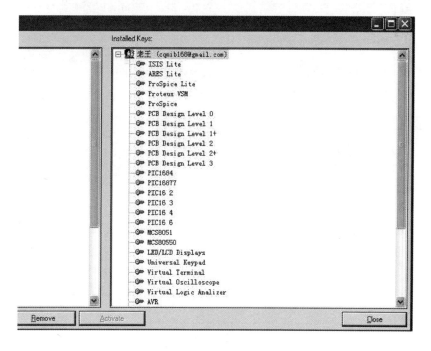

图 1-33　Proteus 安装界面 8

10）点击"Next"（图1-34）。

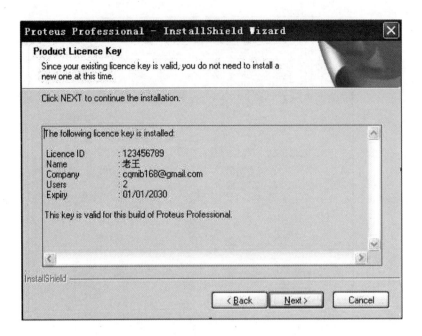

图1-34 Proteus 安装界面9

11）默认或更改路径，点击"Next"（图1-35）。

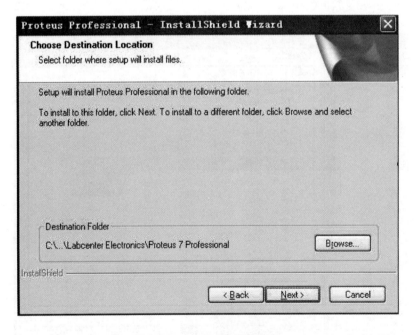

图1-35 Proteus 安装界面10

12）给"Converter Files"打钩，点击"Next"（图1-36）。

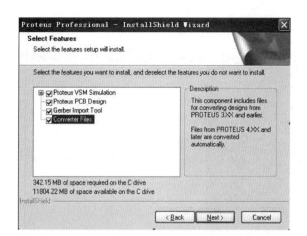

图 1-36　Proteus 安装界面 11

13）点击"Next"（图 1-37）。

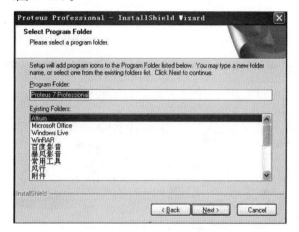

图 1-37　Proteus 安装界面 12

14）默认安装过程（图 1-38）。

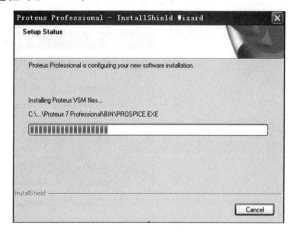

图 1-38　Proteus 安装界面 13

15）点击"Finish"完成安装（可以把钩去掉，这里是帮助文件）（图 1-39）。

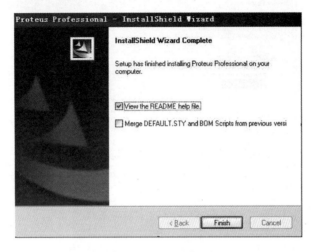

图 1-39　Proteus 安装界面 14

16）在安装包内找到 Proteus Pro 7.8 SP2 破解 1.0.exe 文件，双击打开（图 1-40）。

图 1-40　Proteus 安装界面 15

17）确保安装路径一致，点击"升级"
完成破解（图 1-41）。

图 1-41　Proteus 安装界面 16

18) 点击"关闭",安装完成(图 1-42)。

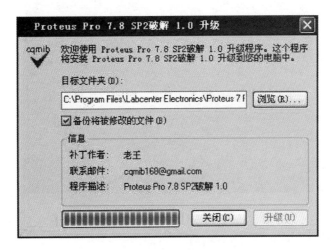

图 1-42 Proteus 安装界面 17

19) 创建桌面快捷方式(图 1-43)。

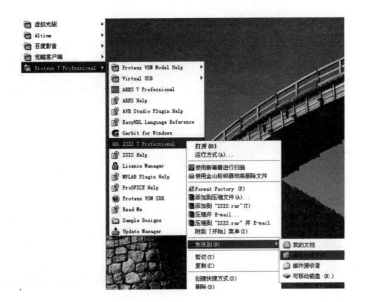

图 1-43 创建 Proteus 桌面快捷方式

2. Proteus 的使用

下面主要介绍 ISIS 中的原理图设计功能。

1) Proteus ISIS 界面

双击桌面上的 ISIS 7 Professional 图标或者单击屏幕左下方的"开始"→"程序"→"Proteus 6 Professional→ISIS 6 Professional",出现如图 1-44 所示的 Proteus ISIS 集成开发环境。

图 1-44　Proteus 安装成功

（1）工作界面

Proteus ISIS 的工作界面是一种标准的 Windows 界面，如图 1-45 所示，包括标题栏、主菜单、标准工具栏、绘图工具栏、状态栏、对象选择按钮、预览对象方位控制按钮、仿真进程控制按钮、预览窗口、对象选择器窗口、图形编辑窗口。

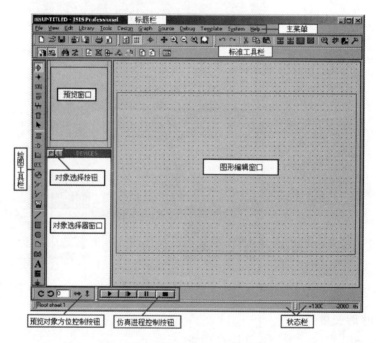

图 1-45　Proteus ISIS 工作界面

（2）主菜单

Proteus 包括 File、Edit、View 等 12 个菜单栏，如图 1-46 所示。每个菜单栏又有自己的菜单，Proteus 的菜单栏完全符合 Windows 的操作风格。

图 1-46 Proteus 菜单栏

（3）工具

Proteus 工具包括菜单栏下面的标准工具栏和绘图工具栏。

（4）状态栏

状态栏是用来显示工作状态和系统运行状态的。

（5）对象选择

对象选择包括对象选择控钮、对象选择器窗口及对象预览窗口。完成器件具体选择的操作步骤是：首先点对象选择按钮 P，弹出器件库，输入器件名称，选中具体的器件，这样所选的器件将列在对象选择窗口。然后在对象选择器窗口中选中器件，选中的器件在预览窗口将显示具体的形状和方位。最后在图形编辑窗口中放置器件，放置器件的方法是在图形编辑窗口中单击。

（6）Proteus VSM 仿真

Proteus VSM 仿真有交互式仿真和基于图表的仿真两种。

交互式仿真：实时直观地反映电路设计的仿真结果。

基于图表的仿真（ASF）：用来精确分析电路的各种性能，如频率特性、噪声特性等。

Proteus VSM 中的整个电路分析是在 ISIS 原理图设计模块下延续下来的，原理图中可以包含探针、电路激励信号、虚拟仪器、曲线图表等仿真工具，直观地显示仿真结果。

（7）图形编辑窗口

在图形编辑窗口内完成电路原理图的编辑和绘制。在图形编辑窗口中放置对象的步骤如下：

选中：用鼠标指向对象并点击左键可以选中该对象。该操作选中对象并使其高亮显示，然后可以进行编辑。选中对象时该对象上的所有连线同时被选中。要选中一组对象，可以通过依次右击每个对象选中的方式，也可以通过右键拖出一个选择框的方式，但只有完全位于选择框内的对象才可以被选中。

移动：用鼠标指向选中的对象并用左键拖曳可以拖动该对象，该方式不仅对整个对象有效，而且对对象中单独的标签也有效。

复制：用鼠标选中对象后点击菜单 Edit—copy to clipboard 或用鼠标左键点击 Copy 图标。

旋转：许多类型的对象可以调整朝向为 0°、90°、270°、360°或通过 x 轴、y 轴镜像。当该类型对象被选中后，"Rotation and Mirror"图标会从蓝色变为红色，然后就可以来改变对象的朝向或者使用右键菜单中的旋转命令完成器件旋转。

删除： 用鼠标指向选中的对象并点击右键可以删除该对象，同时删除该对象的所有连线。

2）Proteus ISIS 编辑环境设置

Proteus ISIS 编辑环境的设计主要是指图纸幅面的选择、网格设置、电路模板设置及标注字体的设置。编辑环境的设置是为了解决电路设计的外观参数。

（1）图纸幅面设置

在新建原理图时，都会弹出一个图纸幅面选择对话框，用户可根据拟定的设计任务选择合适的图纸幅面，如图 1-47 所示，一般选择 Default。在设计完成后，我们可以通过菜单 System 下的 Set Sheet Sizes 来调整图纸的幅面，使原理图与图纸尺寸相适应。

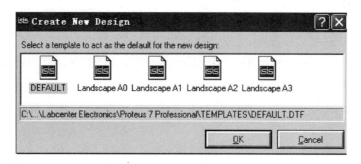

图 1-47　Proteus 图纸幅面设置

（2）网格设置

ISIS 中坐标系统的基本单位是 10 nm，主要是为了和 Proteus ARES 保持一致。但坐标系统的识别（read-out）单位被限制在 1th。坐标原点默认在图形编辑区的中间，图形的坐标值能够显示在屏幕的右下角的状态栏中。设置点状栅格（The Dot Grid）与捕捉栅格（Snapping to a Grid）有助于系统作图。在原理图中，如果栅格设置不当会造成不能连线。编辑窗口内有点状的栅格，可以通过 View 菜单的 Grid 命令在打开和关闭间切换。点与点之间的间距由当前捕捉的设置决定。捕捉的尺度可以由 View 菜单的 Snap 命令设置，如图 1-48 所示。

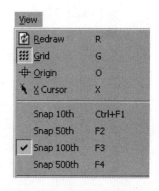

图 1-48　Proteus 网格设置

（3）模板设置

在设计电路时，要选用适当的电路模板，电路模板设置步骤如下：

第一，选择电路模板。在 Proteus 主界面中选择模板，弹出对话框，然后选择下面的对应栏进行相关设置。

第二，设置模板参数。在主菜单模板菜单的下拉菜单中设置默认值菜单，弹出如图 1-49 所示的电路模板参数设置对话框。在这里可以设置图、格点、工作区、边界等颜色。同样，选用模板的其他项，可完成对图形颜色、风格等的设置。

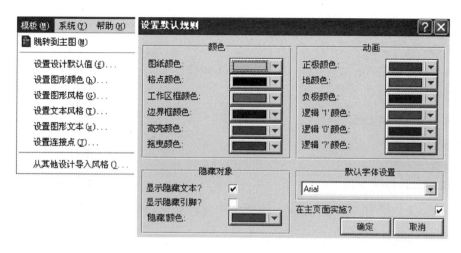

图 1-49 Proteus 模板设置

3) Proteus ISIS 系统参数设置

(1) 设置系统运行环境

在 Proteus ISIS 主界面中选择 System 下的 Set Environment 菜单项,打开图的系统环境设置对话框(以英文版为例来说明)(见图 1-50)。

Autosave Time:系统自动保存时间设置

Number of Undo Levels:可撤销操作的数量设置

Tooltip Delay:工具提示延时

Auto Synchronise/Save with ARES?:是否自动同步/保存 ARES?

Save/load ISIS state in design files?:是否在设计文档中加载/保存 ISIS 状态?

(2) 设置 Animation 选项

选择 System 下的 Set Animation Options 菜单项,即可打开仿真电路设置对话框(如图 1-51 所示)。

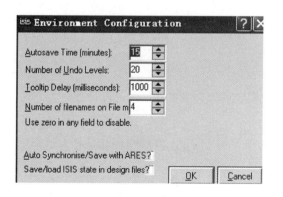

图 1-50 Proteus 系统运行环境设置

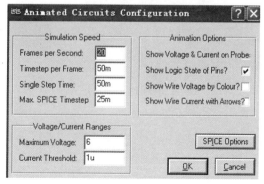

图 1-51 Proteus 中 Animation 选项设置

Show Voltage & Current on Probe:表示是否在探测点显示电压值与电流值

Show Logic State of Pins:表示是否显示引脚的逻辑状态

Show Wire Voltage by Colour：表示是否用不同的颜色表示不同的电压

Show Wire Current with Arrows：表示是否用箭头表示线的电流方向

4）基于 Proteus 的电路设计

（1）设计流程

电路设计流程如图 1-52 所示,原理图的设计方法如下:

① 新建设计文档

在 Proteus ISIS 环境点 File,在下拉菜单中选择新建设计,在出现的对话框中选择适当的图纸尺寸。

② 设置工作环境

用户自定义图形外观(含线宽、填充类型、字符等)。

③ 放置元器件

在编辑环境选择元器件,然后放置元器件。

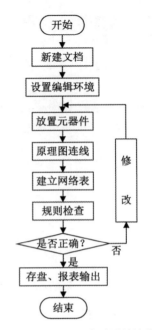

图 1-52　Proteus 电路设计流程

④ 绘制原理图

点击元件引脚或者先前连好的线,就能实现连线,也可使用自动连线工具连线。

⑤ 建立网络表

选择 TOOL-NETLIST COMPILER 菜单项,在出现的对话框中,可设置网络表的输出形式、模式、范围、深度及格式。网络表是电路板与电路原理图之间的纽带。建立的网络表用于 PCB 制板。

⑥ 电气规则检查

选择 TOOL-ELECTRICAL RULE CHECK 菜单项,出现电气规则检测报告单,在该报告中,系统提示网络表已生成,并且无电气错误,才可执行下一步操作。

⑦ 存盘和输出报表文件

将设计好的原理图存盘。同时,选择 TOOL-BILL OF MATERIALS 菜单项输出BOM 文档。

（2）设计实例

下面以基于单片机的 LCD 液晶显示为例,说明电路原理图的 Proteus 设计方法。

① 新建文件

打开 Proteus 点 File,在弹出的下拉菜单中选择 New Design,在弹出图幅选择对话框中选 Default。

② 设置编辑环境

用户自定义图形的线宽、填充类型、字符。

③ 选取元器件

按设计要求,在对象选择窗口中点 P,弹出 PICK DEVICES 对话框,在 KEYWORDS

中填写要选择的元器件，然后在右边对话框中选中要选的元器件，则元器件列在对象选择的窗口。

如图 1-53 所示，本设计所需选用的元器件如下：

- 80C51.BUS：总线型的微处理器
- 74LS373：锁存器
- CAP、CAP-ELEC：瓷片电容、电解电容
- CRYSTAL：晶振
- LM032L：1602LCD 液晶显示模块
- NAND-2：与非门

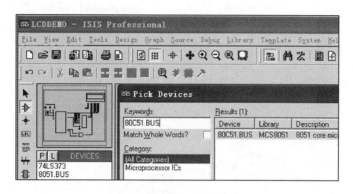

图 1-53　Proteus 元器件选取

④ 放置元器件

在对象选择的窗口点 80C51，然后把鼠标指针移到右边的原理图编辑区的适当位置，点击鼠标的左键，就把 80C51 放到了原理图区。用同样的方法将对象窗口的其他元件放到原理图编辑区。

⑤ 放置电源及接地符号

点击工具箱的接线端按钮（Inter-sheet terminal），在器件选择器里点 Power 或 Ground，鼠标移到原理图编辑区，左键点击一下即可放置电源符号或接地符号（V$_{CC}$、GND 一般是隐藏的）。

⑥ 对象的编辑

把电源符号、接地符号进行统一调整，放在适当的位置，对元器件参数进行设置。

⑦ 原理图连线

在原理图中连线分为画单根导线、画总线和画分支线。

画导线：在 ISIS 编辑环境下，左击第一个对象连接点，再左点击另一个连接点，ISIS 就能自动绘制出一条导线。如果你想自己决定走线路径，只需在想要拐点处点击鼠标左键即可。

画总线：点击工具箱的总线按钮（Bus），即可在编辑窗口画总线。

画分支线：点击工具的按钮(Buses Model)，点击欲连线的点，然后在离总线 BUS 一定距离的地方再点击，之后按 Ctrl 键，将鼠标移到总线上点击即可(需要把 War 功能关闭)。

⑧ 放置网络标号

点击工具箱的网络标记按钮(Wire Label)，在要标记的导线上击右键，在出现的对话框中填写网络标号，然后单击"OK"即可。按照上述方法绘制的电路如图 1-54 所示。

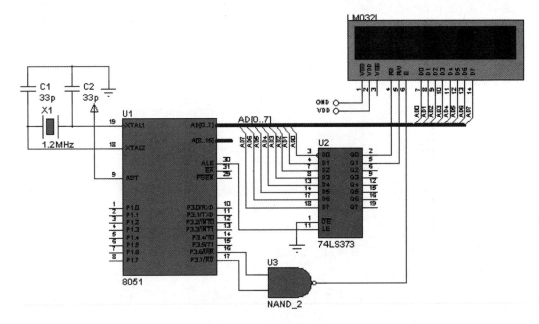

图 1-54　LCD 液晶显示原理图

⑨ 电气检测

电路设计完成后，通过菜单操作"工具的电气检测下拉菜单"弹出电气检测结果窗口。在窗口中，前面是一些文本信息，接着是电气检查结果列表。若有错，会有详细的说明。

⑩ 生成报表

ISIS 可以输出网络表、元器件清单等多种报告，具体操作如下：

网络表：Tool→Netlist Compiler 输出网络表。网络表是连接原理图与 PCB 版图的纽带和桥梁，网络表错误发生在 ISIS 为原理图创建网络表时。在试图从原理图到 ARES 进行 PCB 设计时通常会遇到以下问题：

● 有两个同名的器件或未命名器件，例如两个电阻为 R。

● 脚本文件格式(如 MAP ON 表)不对。

元器件清单：Tool→Bill of Materials 输出元件清单。元器件清单是采购元器件的依据。

5) 基于 Proteus 的电路仿真

Proteus 有交互仿真和基于图表仿真两种，两种方式可以结合进行。交互仿真用进程控制按钮启动，起到定性分析电路功能的作用；基于图表仿真是通过按键盘空格键或菜单来启动，起到定量分析电路特性的作用，如图 1-55 所示。

交互仿真控制　　　　　　　　　图表仿真控制

图 1-55　基于 Proteus 的电路仿真

（1）单片机应用系统交互式仿真

交互式仿真是通过交互式器件和工具观察电路的运行状况，用来定性分析电路，验证电路是否能正确工作。单片机应用系统交互仿真分为程序加载和仿真操作两步。

① Proteus 编辑器

电路设计完成后，进入程序设计。在介绍交互仿真前，先简要介绍一下 Proteus 自带的编辑器。Proteus 带有 ASM、PIC、AVR 等编译器。操作方法：在 ISIS 中点击菜单栏"Source"，在下拉菜单点击"Add/Remove Source Code Files（添加或删除源程序）"出现一个对话框，如图 1-56 所示。点击对话框的"New"按钮，在出现的对话框放置要设计的程序文件名（这里以上述的液晶显示程序 LCDDEMO. ASM 为例），在"Code Genera-tion Tool"下选择"ASEM51"，然后点击"OK"按钮，设置完毕。回到菜单栏，找 Source 下面的 LCDDEMO. ASM，将程序输入即可。

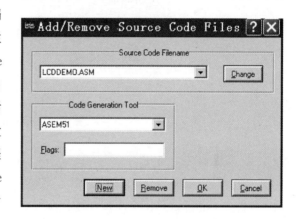

图 1-56　Proteus 编辑器

② 程序编译

点击菜单栏的"Source"，在下拉菜单点击"Build All"，稍等一会，编译结果的对话框就会出现在我们面前。如果有错误，对话框会告诉我们是哪一行出现了问题。只有编译过关的 ASM 文件才能进行加载。值得注意的是，Proteus 软件自带的编译器对程序设计的格式要求较高，空格和字符需要符合规定，否则就不能通过编译。读者会经常发现在 Wave 中能编译的文件，在 Proteus 中不能通过编译。这种现象是由于读者设计的程序格式或使用的字符不对，如字符 $，我们经常用的 DJNZ R0，$，语句，在 Proteus 中是不能编译的，因为 Proteus 编译器中不使用字符 $。

③ 程序加载

在原理图编辑窗中，选中单片机 80C51，右击 80C51，在出现的对话框里选择 Edit Properties，然后在 Program File 一栏中选择 LCDDEMO. HEX 文档。

④ 系统仿真

程序加载完后就可以直接点运行按钮，进入电路的交互式仿真。本例的交互仿真结果如图 1-57 所示。

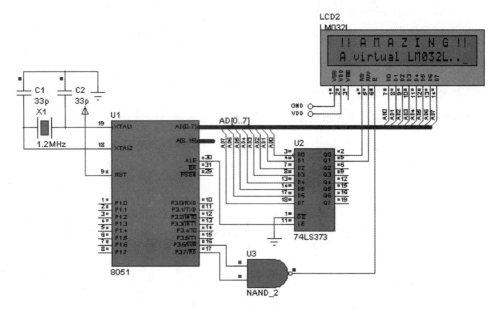

图 1-57　Proteus 仿真界面

⑤ 系统调试

点击单步按钮,进入单步调试状态,选择"Debug"菜单栏。在"Debug"的下拉菜单栏中,点击 Simulation Log 会出现和模拟调试有关的信息,点击 8051 CPU SFR Memory 会出现特殊功能寄存器(SFR)窗口,点击 8051 CPU Internal(IDATA)Memory 出现数据寄存器窗口。此外还有 Watch Window 窗口,可以将某个信号加载到这个窗口,对其变化进行跟踪。如在寄存器窗口点击右键,在出现的菜单中点击 Add Item(By name),然后选择 P1,再双击 P1,这样 P1 就在 Watch Window 窗口。我们可发现,无论在单步调试状态还是在全速调试状态,Watch Window 的内容都会随着寄存器的变化而变化,这点是很有用的。

为了调试程序,可以在单步调试时设置断点。其设置方法是用鼠标点击程序中的语句,设置断点,再次点击则取消断点。

对于单片机应用系统,Proteus 支持 IDE,如 IAR's Embedded Workbench、Keil 、Microchip MP-LAB 和 Atmel AVR studio 开发源代码联合调试,本书在后面的章节将介绍 Proteus 与 Keil 的联调。

(2)基于图表的仿真

交互式仿真有很多优势,但在很多场合需要捕捉图表来进行细节分析。基于图表的仿真可以做很多的图形分析,比如小信号交流分析、噪声分析及扫描参数分析等。

基于图表的仿真过程建立有以下 5 个主要阶段:

● 绘制仿真原理图。

● 在监测点放置探针。

- 放置需要的仿真分析图表,比如用频率图表显示频率分析。
- 将信号发生器或检测探针添加到图表当中。
- 设置仿真参数(比如运行时间),进行仿真。

① 绘制电路

在 ISIS 中输入需要仿真的电路(电路图的绘制方法已在前面介绍了)。

② 放置探针和发生器

探针、信号发生器和其他元件,终端的放置方法是一样的。如图 1-58 所示,选择合适的对象按钮,选择信号发生器、探针类型,将其放置到原理图中需要的位置,可以直接放置到已经存在的连线上,也可以放置好后再连线。

图 1-58　放置探针和发生器

③ 放置图表

选择模拟、数字、转移、频率、扫描分析等图表,用拖曳的方法将其放置在原理图中合适的位置,再将探针或信号拖到对应的仿真图表中。

④ 在图表中添加轨迹

在原理图中放置多个图表后,必须指定每个图表对应的探针/信号发生器。每一个图表也可以显示多条轨迹,这些轨迹数据来源一般是单个的信号发生器或者探针,但是 ISIS 提供一条轨迹显示多个探针,这些探针通过数学表达式的方式混合。举个例子,一个监测点既有电压探针也有电流探针,这个检测点对应的轨迹就是功率曲线(图 1-59)。

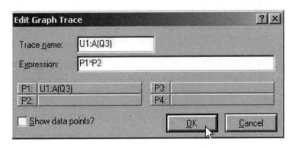

图 1-59　在图表中添加轨迹

曲线显示对象的添加有两种方式：在原理图中选中探针或将激励源拖入图表当中。在 Edit Graph Trace 对话框中选中探针，需要多个探针时添加运算表达式。

⑤ 仿真过程

基于图表的仿真是命令驱动的。这意味着整个过程是通过信号发生器、探针及图表构成的系统，设定测量的参数，得到图形，验证结果。其中，任何仿真参数都是通过 GRAPH 存在的属性定义的（比如仿真开始及停止时间等），也可以自己手动添加其他的属性（比如对于一个数字仿真，你可以在仿真器系统当中添加一个'RANDOMISE TIME DELAYS'属性）。在仿真开始时系统应完成如下工作：

产生网络表：网络表提供一个元件列表、引脚之间连接的清单，及元件所使用的仿真模型。

分区仿真：ISIS 对网络表进行分析，将其中的探针分成不同的类。当仿真进行时，结果也保存在不同的分立文件当中。

结果处理：ISIS 通过这些分立文件在图表中产生不同的曲线，将图表最大化进行测量分析。

如果在以上任何一步有错误，仿真日志会留下详细的记载。有一些错误是致命的，有一些是警告。致命的错误报告会直接弹出仿真日志窗口，不产生曲线；警告不会影响仿真曲线的产生。大多数错误源于电路图绘制，也有一些是选择元件模型错误。关于单片机高级图表的仿真实例将在后续的单片机应用系统设计中介绍。

3. Keil 和 Proteus 软件的联合应用

Keil 与 Proteus 的结合方式有以下两种：

方法一：在 μVision 环境中编写程序并将其编译成"＊.HEX"文件，而在 Proteus 环境下将"＊.HEX"文件加载到单片机中，此种方式与单片机实际工程设计类似。

方法二：把 Proteus 环境下的硬件作为虚拟的目标板硬件，Proteus 与 Keil μVision 2 之间通过 TCP/IP 进行通信。此种方法类似于 μVision 环境下的目标板仿真调试模式，在运用此种方法进行仿真前需要更改 μVision 与 Proteus 的相关设置。

本教材所有项目案例均采用方法一。

1.2.4 软件和硬件联合调试

下面以点亮一个 LED 为例，演示软硬联调过程。

1. LED 的应用

1）LED 简介

LED（Light Emitting Diode，发光二极管）是一种固态的半导体器件，它可以直接把电转化为光。LED 的"心脏"是一个半导体的晶片，晶片的一端附在一个支架上，一端是负极，另一端连接电源的正极，使整个晶片被环氧树脂封装起来。半导体晶片由两部分组成：一部分是 P 型半导体,在它里面空穴占主导地位;另一部分是 N 型半导体,在这边主要是电子。但这两种半导体连接起来的时候,它们之间就形成一个"P-N 结"。当电流通过导线作用于这个晶片的时候,电子就会被推向 P 区,在 P 区里电子跟空穴复合,然后就会以光子的形式发出能量,这就是 LED 发光的原理。而光的波长决定光的颜色,是由形成 P-N 结的材料决定的。

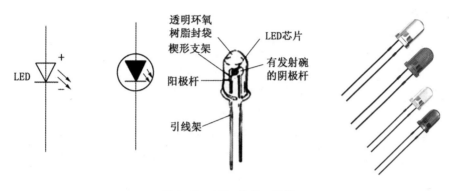

图 1-60　LED 发光二极管

2) LED 的优点

LED 的内在特征决定了它具有很多优点,诸如体积小,耗电量低,使用寿命长,高亮度、低热量,环保,坚固耐用,颜色多变幻,技术先进。

与传统光源单调的发光效果相比,LED 光源是低压微电子产品。它成功融合了计算机技术、网络通信技术、图像处理技术、嵌入式控制技术等,所以亦是数字信息化产品,是半导体光电器件"高新尖"技术,具有在线编程、无限升级、灵活多变的特点。

3) LED 的应用

鉴于 LED 的自身优势,目前主要应用于以下几大方面:

(1) 显示屏、交通信号显示光源的应用:LED 灯具有抗震、耐冲击、光响应速度快、省电和寿命长等特点,广泛应用于各种室内、户外显示屏,分为全色、双色和单色显示屏,全国共有 100 多个单位在开发生产 LED 显示屏。

(2) 汽车工业上的应用:汽车用灯包含汽车内部的仪表板、音响指示灯、开关的背光源、阅读灯和外部的刹车灯、尾灯、侧灯以及头灯等。

(3) LED 背光源以高效侧发光的背光源最为引人注目,LED 作为 LCD 背光源应用,具有寿命长、发光效率高、无干扰和性价比高等特点,已广泛应用于电子手表、手机、电子计算器和刷卡机上。随着便携电子产品日趋小型化,LED 背光源更具优势,因此背光源制作技术将向更薄型、低功耗和均匀一致方向发展。

(4) 家用室内照明的 LED 产品越来受人欢迎,LED 筒灯、LED 天花灯、LED 日光灯、LED 光纤灯已悄悄地进入家庭。

2. 编写简单汇编程序

单片机 P1 口控制点亮一个 LED：

```
ORG    0000H                ;程序从地址 0000H 开始存放
MAIN：MOV P1，#01H         ;01H 送 P1 口，点亮与 P1.0 连接的发光二极管 D0
END                        ;汇编程序结束
```

3. 编写简单 C 语言程序

单片机 P1 口控制点亮一个 LED：

```
#include<reg51.h>          /*将头文件包含进来*/
sbit P1_0=P1^0；           /*定义位变量 P1.0*/
void main()                /*主函数*/
{P1_0=1；                  /*P1.0 给高电平点亮 LED*/
}
```

4. Proteus 仿真

Proteus 仿真界面如图 1-61 所示。

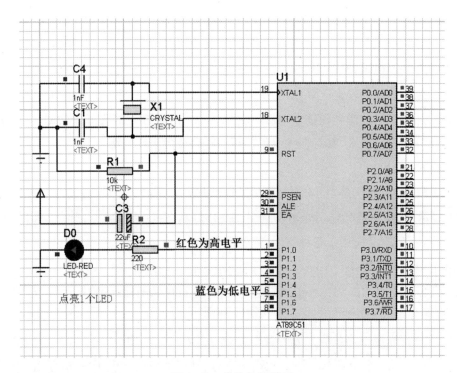

图 1-61　软件仿真界面

5. 调试硬件电路

先在实训台上用仿真器或学习板、试验箱等调试无误后，下载程序到单片机中，再制作实物（图 1-62～图 1-64）。

图 1-62 实训台硬件仿真

图 1-63 学习板调试

图 1-64 实物制作

训练技能

1.2.5 引导文(学生用)

学习领域	单片机小系统的设计与制作
项目	单片机小系统的设计与制作(LED 的控制)
工作任务	彩灯闪烁控制电路的设计与制作
学 时	
任务描述:设计一个简单的单片机控制系统,实现用 P1 口控制 1 个发光二极管闪烁。	
学习目标:熟悉 I/O 口的基本功能。 掌握 LED 的工作原理和相关背景知识。 熟悉汇编语言和 C 语言的编程格式。 熟悉 Keil、Proteus 的基本使用方法。 理解彩灯闪烁控制电路的构成、工作原理和电路中各器件的作用。	

（续表）

阶段	内容
资讯阶段	将学生按 6 人一组分成若干个小组,确定小组负责人。 小组名称:　　　　小组负责人:　　　　小组成员: 1. I/O 口的基本功能是什么? 2. 什么是 LED? 简述其工作原理和应用及相关背景知识。 3. LED 如何闪烁? 4. 彩灯控制系统电路如何构建?

| 计划、
决策阶段 | 1. 每小组再按 2 人一组分成 3 个小分组。
2. 明确任务,并确定准备工作。
3. 小组讨论,进行合理分工,确定实施顺序。
请根据学时要求作出团队工作计划表。 |

分组号	成员	完成时间	责任人

| 实施阶段 | 实施流程:
1. 根据控制要求用 Proteus 软件绘制电路原理图。
2. 用 Keil 软件编写、调试程序。
3. Proteus、Keil 联合仿真调试,达到控制要求。
4. 将调试无误后的程序下载到单片机中。
5. 根据原理图,在提供的电路万用板上合理地布置电路所需元器件,并进行元器件、引线的焊接。
6. 检查元器件的位置是否正确、合理,各焊点是否牢固可靠、外形美观,最后对整个单片机进行调试,检查是否符合任务要求。
7. 思考在工作过程中如何提高效率。
8. 对整个工作的完成情况进行记录。 |

| 检查阶段 | 1. 效果检查:各小组先自己检查控制效果是否符合要求。
2. 检验方法的检查:小组中一人对观测成果的记录、计算进行检查,其他人评价其操作的正确性及结果的准确性。
3. 资料检查:各小组上交前应先检查需要上交的资料是否齐全。
4. 小组互检:各小组将资料准备齐全后,交由其他小组进行检查,并请其他小组请出意见。
5. 教师检查:各小组资料及成果检查完毕后,最后由教师进行专项检查,并进行评价和填写评价记录。 |

| 评估阶段 | 一、评分办法和分值分配如下: |

内　　容	分　值	扣分办法
1. 原理图绘制	20 分	每处错误扣 2 分
2. 程序设计	20 分	每处错误扣 2 分
3. 联合仿真	20 分	无效果扣 15 分,效果错误扣 10 分
4. 硬件制作	20 分	每错一项扣 5 分
5. 出勤状况	20 分	迟到 5 min 内扣 5 分,迟到 1 h 扣 10 分, 2 h 扣 20 分,缺勤半天扣 20 分

注:
1. 每人必须在规定时间内完成任务。
2. 如超时完成任务,则每超过 10 min 扣减 5 分。
3. 小组完成后及时报请验收并清场。

(续表)

	二、进行考核评估 小组自评与互评成绩评定表 学生姓名_____　教师_____　班级_____　学号_____									
评估阶段	序号	考评项目	分值	考核办法	成员名单					
	1	学习态度	20	出勤率、听课态度、实训表现等						
	2	学习能力	20	回答问题、完成学生工作页质量						
	3	操作能力	40	成果质量						
	4	团结协作精神	20	以所在小组完成工作的质量、速度等进行评价						
	自评与互评得分									

基于单片机的彩灯控制应用系统设计:

1)闪烁:一亮一灭分别持续一段时间,肉眼看起来就是闪烁效果。

2)参考原理图(图 1-65)。

3)参考程序:

汇编语言:ORG 0000H

```
        START:  CLR    P1.0          ;将 P1.0 清零,点亮一个发光二极管
        ACALL   DELAY                ;调用延时子程序,也可用指令 LCALL
        SETB    P1.0                 ;将 P1.0 置"1",熄灭一个发光二极管
        ACALL   DELAY                ;调用延时子程序
        SJMP    START                ;程序重新开始循环,也可用指令 LJMP
        DELAY:  MOV    R3,#250       ;延时子程序
        D2:     MOV    R4,#250
        D1:     NOP
        DJNZ    R4,D1
        DJNZ    R3,D2
        RET
        END
```

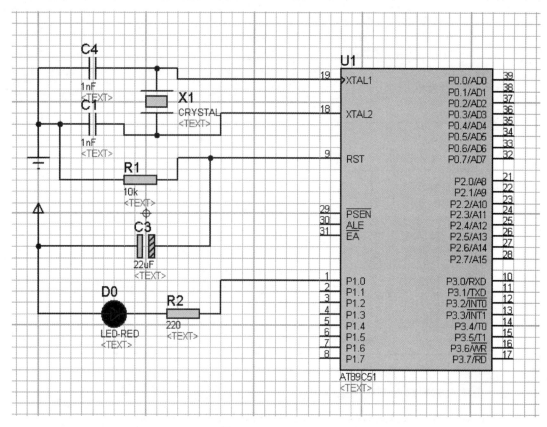

图 1-65　参考原理图

C 语言：♯include＜reg52.h＞　　　　　　　/＊将头文件 reg52.h 包含进来＊/

　　　　sbit P1_0＝P1^0;　　　　　　　　　/＊定义位变量 P1.0＊/

　　　　void delay()　　　　　　　　　　/＊延时子程序＊/

　　　　{int x,y;

　　　　　for(x＝0;x＜＝100;x＋＋)

　　　　　　for(y＝0;y＜＝500;y＋＋);

　　　　}

　　　　void main()　　　　　　　/＊主函数＊/

　　　　{P1_0＝0;delay();

　　　　P1_0＝1;delay();

　　　　}

4）软件仿真效果(图 1-66、图 1-67)。

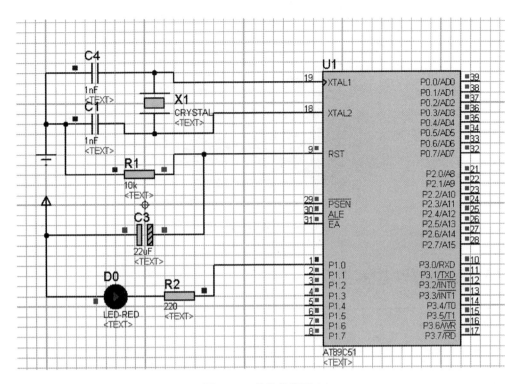

图 1-66　软件仿真图 1

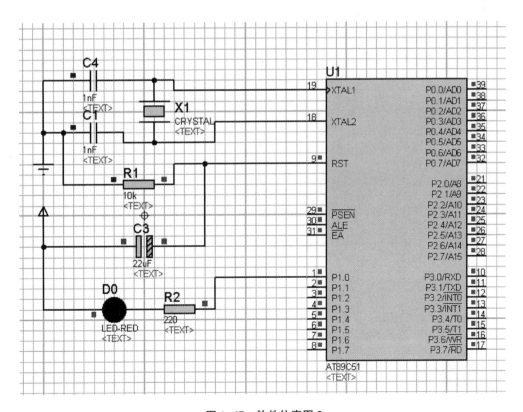

图 1-67　软件仿真图 2

5）参考硬件成品（图 1-68）。

图 1-68　参考实物制作成品

1.2.6　任务设计（老师用）

学习领域	单片机小系统设计与制作		
工作项目	单片机小系统的设计与制作（LED 的控制）		
工作任务	彩灯闪烁控制电路的设计与制作	学时	6
学习目标	1. 熟悉 I/O 口的基本功能。 2. 掌握 LED 的工作原理和相关背景知识。 3. 熟悉汇编语言和 C 语言的编程格式。 4. 熟悉 Keil、Proteus 的基本使用方法。 5. 理解彩灯闪烁控制电路的构成、工作原理和电路中各器件的作用。		
工作任务 描述	设计一个简单的单片机控制系统，实现用 P1 口控制 1 个发光二极管闪烁。		
学习任务 设计	1. 设计、绘制彩灯控制的单片机控制系统原理图，编写调试程序，并联合仿真，实现控制要求。 2. 根据软件仿真结果，利用万用板制作彩灯控制的单片机应用系统实物。		
提交成果	1. 软件仿真效果（含原理图、程序）。 2. 制作硬件成品。 3. 自评与互评评分表。 4. 作业。		
学习内容	学习重点： 1. I/O 口的使用。 2. LED 的相关背景知识。 3. Proteus、Keil 软件的基本使用。 4. 编程基本格式。 5. 硬件制作工艺。 学习难点： 1. 电路设计。 2. Proteus、Keil 软件的使用。		

教学条件	1. 教学设备：单片机试验箱、计算机。 2. 学习资料：学习材料、软件使用说明、焊接工艺流程、视频资料。 3. 教学场地：一体化教室、一体化实训场。
教学设计 与组织	一、咨询阶段 1. 教师展示彩灯闪烁效果，引导学生分解控制要求。（教师引导学生思考） 2. 讲解 LED 相关背景知识。（教师讲解，动画展示） 3. 讲解程序的基本编写格式。（教师讲解与示范，学生模仿） 4. 讲解软件使用方法。（教师讲解与示范，学生模仿） 5. 讲解联合仿真。（教师讲解与示范，学生模仿） 6. 讲解硬件制作。（教师讲解与示范，学生模仿） 7. 安排工作任务。（6 名学生一组） 二、计划、决策阶段 1. 明确任务。 2. 小组讨论，分成 3 个小分组，进行分工协作安排。 三、实施阶段 1. 先根据控制要求绘制原理图。（学生操作，教师指导） 2. 按原理图编写调试程序，并联合仿真，根据控制效果调试程序或修改原理图。（学生操作，教师指导） 3. 下载程序到单片机，并进行硬件制作。（学生操作，教师指导） 四、检查阶段 各小组先自己检查控制效果是否符合要求，然后由小组之间互相检查，最后指导教师检查确认。（以学生自查为主，教师指导为辅） 五、评估阶段 1. 各小组选出一人陈述施测过程和成果，指导教师对实施过程和成果进行点评。 2. 根据个人自评、小组互评和教师评价进行综合成绩评定。
考核标准 （100 分）	成果评定（50 分）　根据学生提交成果的准确性和完整性评定成绩，占 50%。 学生自评（10 分）　学生根据自己在任务实施过程中的作用及表现进行自评，占 10%。 小组互评（15 分）　根据工作表现、发挥的作用、协作精神等，小组成员互评，占 15%。 教师评价（25 分）　根据考勤、学习态度、吃苦精神、协作精神、职业道德等进行评定； 根据任务实施过程每个环节及结果进行评定； 根据实习报告质量进行评定。 综合以上评价，占 25%。

1.2.7　工具、设备及材料

工具：电烙铁、吸锡器、镊子、剥线钳、尖嘴钳、斜口钳等。

设备：单片机试验箱、万用表、计算机等。

材料：AT89C51 单片机一块，相关电阻、电容一批，晶振一个，电路万用板一块，导线若干，焊锡丝，松香等。

1.2.8　成绩报告单（以小组为单位和以个人为单位）

序号	工作过程	主要内容	评分标准	分配	学生（自评）		教师	
					扣分	得分	扣分	得分
1	资讯 （10分）	任务相关 知识查找	查找相关知识，该任务知识掌握度达到60%，扣5分	10				
			查找相关知识，该任务知识掌握度达到80%，扣2分					
			查找相关知识，该任务知识掌握度达到90%，扣1分					
2	决策计划 （10分）	确定方案 编写计划	制定整体方案，实施过程中修改一次，扣2分	10				
3	实施 （10分）	记录实施 过程步骤	实施过程中，步骤记录不完整达到10%，扣2分	10				
			实施过程中，步骤记录不完整达到20%，扣3分					
			实施过程中，步骤记录不完整达到40%，扣5分					
4	检查评价 （60分）	小组讨论	自我评述完成情况	5				
			小组效率	5				
		整理资料	设计规则和工艺要求的整理	5				
			参观了解学习资料的整理	5				
		设计制作 过程	设计制作过程的记录	10				
			焊接工艺的学习	5				
			外围元器件的识别	5				
			程序下载工具的学习	5				
			工厂参观过程的记录	5				
			常见编译软件的学习	10				
5	职业规范 团队合作 （10分）	安全生产	安全文明操作规程	3				
		组织协调	团队协调与合作	3				
		交流与 表达能力	用专业语言正确流利地简述任务成果	4				
合计				100				

学生自评总结	
教师评语	

学生签字		年 月 日	教师签字		年 月 日

1.2.9　思考与训练

1. 仿照任务 1.2,设计 8 个 LED 彩灯闪烁控制系统。

2. 何谓单片机最小系统?

3. 简述 Keil 软件编程调试方法。

4. 简述 Proteus ISIS 进行原理图绘制时,主要包含哪些基本操作步骤?

5. 怎样进行 Keil 与 Proteus 联调?

项目 2

基于单片机小系统的灯光设计与制作

项目目标导读

 思政目标

① 能在学习过程中弘扬劳动精神。

② 要在电路设计和制作过程中领会精益求精的工匠精神,体现职业自信心。

③ 要通过严谨和简洁的灯光电路体现简约之美。

④ 激发对问题的好奇心,要具有探索精神和科学思维。

⑤ 在电路制作和程序设计过程中要具有宽广的视野和大格局的思维。

⑥ 能通过小组讨论活动提升团队合作能力和沟通能力。

⑦ 要按照《电气简图用图形符号 第 5 部分:半导体管和电子管》(GB/T 4728.5—2018)国家行业标准画电路仿真图并制作电路。

⑧ 对损坏的元器件、部件等要妥善处理,下课后还原实训室所有设备和工具,并保持实训室的卫生和整洁。

 知识目标

① 理解机器语言、汇编语言与高级语言的区别。

② 掌握单片机 4 个 I/O 端口的功能和使用方法。

③ 掌握汇编语言和 C 语言程序设计方法。

④ 掌握时钟和时序的基本概念。

⑤ 理解流水灯控制电路的构成、工作原理和电路中各器件的作用,并对电路进行分析和计算。

 **能力目标**

① 能绘制单片机硬件原理图并编写程序。

② 能根据任务要求构建单片机应用系统。

③ 会使用单片机 4 个 I/O 端口连接外部设备。

④ 能够编写顺序程序、循环程序和分支程序等。

⑤ 设计模拟流水灯控制系统,对电路中的故障进行分析判断并加以解决。

方法切入

采用"项目引领、任务驱动、教学做合一"的教学方式,通过实际项目的分析和实施,结合 Keil 和 Proteus 软件的使用,了解单片机电子产品实际的开发流程。

任务 2.1　控制霓虹灯

2.1.1　任务书

学生学号		学生姓名		成绩	
任务名称	控制霓虹灯	学时	6	班级	
实训材料与设备	参阅 2.1.7 节	实训场地		日期	
任务	利用 51 单片机及 8 个发光二极管等器件,设计一个流水灯效果的霓虹灯。				
目标	1) 进一步熟悉 51 单片机外部引脚线路的连接。 2) 掌握常用的 51 单片机指令。 3) 学习简单的编程方法。 4) 掌握单片机全系统调试的过程及方法。 5) 培养学生良好的工程意识、职业道德和敬业精神。				
(一)资讯问题					
1) 机器语言、汇编语言、高级语言三者有什么区别? 2) MCS-51 单片机的指令格式如何? 3) MCS-51 单片机的指令系统的特点是什么? 4) MCS-51 单片机有哪几种寻址方式? 5) 要访问特殊功能寄存器和片外数据存储器,可采用哪些寻址方式? 6) MCS-51 单片机的短调用和长调用指令本质上有何区别以及如何选用? 7) 在 MCS-51 程序段中怎样识别位地址和字节地址? 8) LJMP 指令、AJMP 指令、SJMP 指令有什么区别?					
(二)决策与计划					
决策: 1) 分组讨论,分析所给 AT89C51 单片机的内部结构。 2) 查找资料,确定流水灯单片机系统的工作原理。 3) 每组选派一位成员汇报任务结果。 计划: 1) 根据操作要求,使用相关知识和工具按步骤完成相关内容。 2) 列出设计单片机应用系统时需注意的问题。					

3) 确定本工作任务需要使用的工具和辅助资料,填写下表。

项目名称			
工作流程	使用的工具	相关资料	备注

(三) 实施

1) 根据控制要求用 Proteus 软件绘制电路原理图。

2) 用 Keil 软件编写、调试程序。

3) Proteus、Keil 联合仿真调试,达到控制要求。

4) 将调试无误后的程序下载到单片机中。

5) 根据原理图,在提供的电路万用板上合理地布置电路所需元器件,并进行元器件、引线的焊接。

6) 检查元器件的位置是否正确、合理,各焊点是否牢固可靠、外形美观,最后对整个单片机进行调试,检查是否符合任务要求。

7) 思考在工作过程中如何提高效率。

8) 对整个工作的完成情况进行记录。

(四) 检查(评估)

检查:

1) 学生填写检查单。

2) 教师填写评价表。

评估:

1) 小组讨论,自我评述完成情况及发生的问题,并将问题写入汇报材料。

2) 小组共同给出提高效率的建议,并将问题写入汇报材料。

3) 小组准备汇报材料,每组选派一人进行汇报。

4) 整理相关资料,列表说明项目资料及资料来源,注明存档情况。

项目名称		
项目资料名称	资料来源	存档备注

5) 上交资料备注。

项目名称	
上交资料名称	

6) 备注(需要注明的内容)

2.1.2　单片机并行 I/O 口

8051 有 4 组 8 位 I/O 口：P0、P1、P2 和 P3 口，其中 P1 口、P2 口和 P3 口为准双向口，P0 口则为双向三态输入/输出口。

1. P0 口（双向三态输入/输出端口）

P0 口电路中包含一个数据输出锁存器、两个三态数据输入缓冲器、一个数据输出的驱动电路和一个输出控制电路（图 2-1）。

P0 口身兼两职，既可作为地址总线（AB0－AB7），也可作为数据总线（DB0－DB7）。作为通用 I/O 口时，是一个漏极开路电路，需外接上拉电阻（图 2-2）。作为地址/数据总线使用时，不需外接上拉电阻。

P0 可驱动 8 个 LSTTL，其他 P 口可以驱动 4 个 LSTLL。

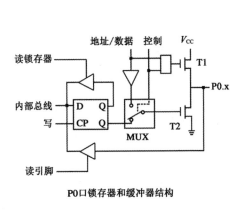

P0 口锁存器和缓冲器结构

图 2-1　P0 口位结构图

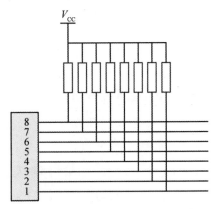

图 2-2　P0 口外接上拉电阻

2. P1 口

P1 口为 8 位准双向输入/输出端口，包含一个数据输出锁存器、一个三态数据输入缓冲器和一个数据输出的驱动电路（图 2-3）。

注意：在 P1 口作为通用的 I/O 口使用时，在从 I/O 端口读入数据时，应该首先向相应的 I/O 口内部锁存器写"1"。

如从 P1 口的低 4 位输入数据：

  MOV　P1,#00001111b ;先给 P1 口低 4 位写"1"

  MOV　A,P1　　　　　;再读 P1 口的低 4 位

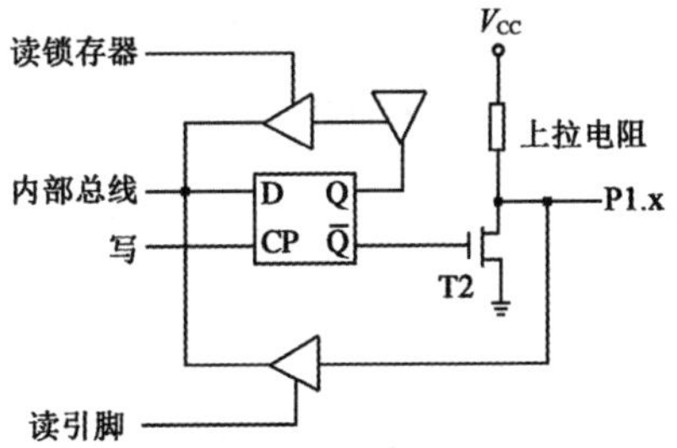

P1 口锁存器和缓冲器结构

图 2-3　P1 口位结构图

3. P2 口

P2 口作为通用 I/O 口时，为准双向输入/输出端口。P2 口也可作为高 8 位地址总线

（AB8－AB15）。P2 口与 P0 口一起构成单片机与外电路相连接的扩展端口。通常可以用来扩展存储器及与其他总线型连接方式的外设(图 2-4)。

4. P3 口

P3 口作为通用 I/O 时,为准双向输入/输出端口(图 2-5)。

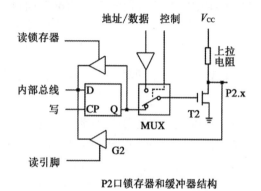

图 2-4 P2 口位结构图

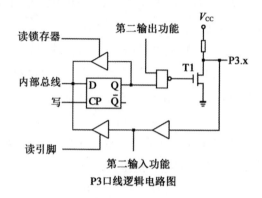

图 2-5 P3 口位结构图

P3 口的第二功能:

- P3.0 串行输入口(RXD)
- P3.1 串行输出口(TXD)
- P3.2 外中断 0($\overline{\text{INT0}}$)
- P3.3 外中断 1($\overline{\text{INT1}}$)
- P3.4 定时/计数器 0 的外部输入口(T0)
- P3.5 定时/计数器 1 的外部输入口(T1)
- P3.6 外部数据存储器写选通(WR)
- P3.7 外部数据存储器读选通(RD)

2.1.3 时钟和时序

1. 单片机运行基础

单片机各部件之间有条不紊地协调工作,其控制信号是在一种基本节拍的指挥下按一定时间顺序发出的,这些控制信号在实践上的相互关系就是 CPU 时序。产生这种基本节拍的电路就是振荡器和时钟电路。

时钟电路用于产生供单片机各部分同步工作的时钟信号,根据产生时钟方式的不同,可将时钟电路分为内部时钟方式和外部时钟方式两种(图 2-6)。

2. 时钟和时序概念

1) 单片机内部的时间单位

① 振荡频率 f_{osc}＝石英晶体频率或外部输入时钟频率。

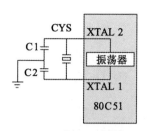
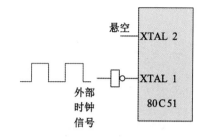

方法 1：用石英晶体振荡器   方法 2：从外部输入时钟信号

图 2-6   时钟电路

② 振荡周期＝振荡频率的倒数。

③ 机器周期：是单片机应用中衡量时间长短最主要的单位。

在多数 51 系列单片机中，1 机器周期＝$12\times1/f_{osc}$。

一个机器周期由六个状态周期（12 个振荡周期）组成，六个状态周期用 S1～S6 表示，每一个状态周期的两个节拍用 P1、P2 表示，则一个机器周期的 12 个节拍就可用 S1P1、S1P2、S2P1、…、S6P1、S6P2 12 个振荡周期表示（图 2-7）。

④ 指令周期：执行一条指令所需要的时间。单位是机器周期。51 单片机中，有单周期指令、双周期指令、四周期指令。

2）单片机内部的时序

单片机执行各种操作时，CPU 都是严格按照规定的时间顺序完成相关的工作的，这种时间上的先后顺序称为时序。

① 单周期指令的操作时序（图 2-8）

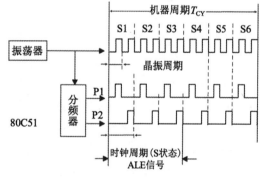

图 2-7   单片机各周期时序图

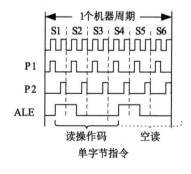
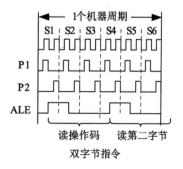

图 2-8   单周期指令时序图

② 双周期指令的操作时序(图 2-9)

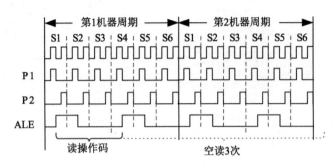

图 2-9 双周期指令时序图

2.1.4 MCS-51 单片机指令系统

1. 指令中的符号

Rn	当前工作寄存器中的某一个,即 R0~R7
Ri	R0 或者 R1
Direct	单片机内部 RAM 低 128 字节(00H~7FH)中的某个字节地址,或者是某个专用寄存器的名字
#data	8 位(1 字节)的立即数
#data16	16 位(2 字节)的立即数
Addr16	16 位目的地址,在 LJMP 和 LCALL 的指令中采用
Addr11	11 位目的地址,只在 AJMP 和 ACALL 指令中采用
Rel	相对转移指令中的偏移量
DPTR	数据指针(由 DPH 和 DPL 构成)
Bit	内部 RAM(包括专用寄存器)中可寻址位的地址或名字
A	累加器 ACC
B	B 寄存器
@	间接寻址标志
/	加在位地址前,表示对该位状态取反
(X)	某寄存器或某单元的内容
((X))	由 X 间接寻址的单元中的内容
←	箭头右边的内容传递给箭头左边

2. 寻址方式

操作数是指令的重要组成部分,指出了参与操作的数据或数据的地址。寻找操作数地址的方式称为寻址方式。一条指令采用什么样的寻址方式是由指令的功能决定的。寻址方式越多,指令功能就越强。

MCS-51 指令系统共使用了 7 种寻址方式,包括寄存器寻址、直接寻址、立即数寻址、寄存器间接寻址、变址寻址、相对寻址和位寻址。

1）寄存器寻址

寄存器寻址是指将操作数存放于寄存器中,寄存器包括工作寄存器 R0～R7、累加器 A、通用寄存器 B、地址寄存器 DPTR 等。

如：MOV A,R7

　　ADD　A,R0

2）直接寻址

直接寻址是指把存放操作数的内存单元的地址直接写在指令中。在 MCS-51 单片机中,可以直接寻址的存储器主要有内部 RAM 区和特殊功能寄存器 SFR 区。如：

MOV　A,30H　　　　　;将内部 RAM30H 单元内的数传送给累加器 ACC

MOV　TMOD,♯20h　　;TMOD 定时器方式控制寄存器,属于 SFR

ADD　A,30H　　　　　;片内 RAM30H 单元的数据加到累加器 ACC

INC　70H　　　　　　;片内 RAM70H 单元的数据加 1

MOV 30H,70H　　　　;片内 RAM70H 单元的数据传送到 30H 单元

DEC 50H　　　　　　 ;片内 RAM50H 单元的数据减 1

3）立即数寻址

MOV　A,♯40H;将 40H 这个立即数传送给累加器 ACC,"♯"符号称为立即数符号,40H 在这里称
　　　　　为立即数。

立即数寻址是指将操作数直接写在指令中。

如：MOV　DPTR,♯6789H

　　　MOV　R0,♯23H

4）寄存器间接寻址

在 51 单片机中有两个寄存器可以用于间接寻址,它们是 R0 和 R1。

当指向片外的 64 KB 的 RAM 地址空间时,可用 DPTR 作为间接寄存器。

如：MOV　A,　@R0

假如 R0 寄存器中的数据是 50H,则以上指令的意思是,将内部 RAM 中 50H 单元内的数传送给累加器 ACC。

如：MOV　A,@R1

　　　MOV　DPTR,♯3FFFH

　　　MOVX　@DPTR,A

假如 R1 内的数是 70H,在内部 RAM 的 70H 单元中存放的数据是 00H,在执行以下指令后,外部 RAM 中 3FFFH 单元的内容是 00H。

5）变址寻址

如：MOVC　A,@A+DPTR

指令含义：假设在执行指令前，数据指针 DPTR 中的数据是 1000H，累加器 ACC 中的数据是 50H，则上述指令执行的操作是将程序存储器 1050H 单元中的数据传送给累加器 ACC。

同样寻址方式的指令还有两条：

MOVC A,@A+PC

JMP @A+DPTR

该类指令常用于编写查表程序。

6）相对寻址

在跳转程序中有一种相对寻址方式，程序的书写方式是：SJMP rel。

程序含义：当程序执行到上述语句时，在当前语句位置的基础上向前或向后跳转 rel 中指明的位置。

如：JZ rel

　　CJNE A，♯DATA， rel

　　DJNZ R0,rel

7）位寻址

当单片机要进行某一位二进制数操作时，可采用位寻址。

如：SETB C;将专用寄存器 PSW 中的 CY 位置为"1"

　　CLR P1.0;将单片机的 P1.0 清"0"

　　SETB P1.0;将单片机的 P1.0 置"1"

3. 数据传送和交换类指令

数据传送和交换类指令主要有以下几种：

1）内部数据传递指令

➤ 以累加器为目的的传送指令（4 条）

MOV A,♯data ; A ← data

MOV A,direct ; A ←(direct)

MOV A,Rn ; A←(Rn)

MOV A,@Ri ; A←((Ri))

如：MOV A,30H

　　MOV A,♯10H

　　MOV A,R2

　　MOV A,@R0

➤ 以通用寄存器 Rn 为目的的传送指令（3 条）

　　MOV Rn,A ; Rn ←（A）

　　MOV Rn,direct ; Rn←(direct)

　　MOV Rn,♯data ; Rn← data

如：MOV　R2,A

　　MOV　R2,30H

　　MOV　R2,♯30H

➢ 以直接地址为目的的传送指令(5 条)

MOV direct ,♯data　; direct ← data

MOV direct1,direct2　; direct1 ←(direct2)

MOV direct,A　　　; direct ←(A)

MOV direct ,@Ri　　; direct ←((Ri))

MOV direct,Rn　　　; direct ←(Rn)

如：MOV　30H,♯33H

　　MOV　30H,31H

　　MOV　30H,A

　　MOV　30H,@R0

　　MOV　30H,R3

➢ 以通用寄存器间接地址为目的的传送指令(3 条)

MOV　@Ri,A　　　; (Ri) ← (A)

MOV　@Ri,direct　; (Ri) ←(direct)

MOV　@Ri,♯data　; (Ri) ← data

如：MOV　@R1,A

　　MOV　@R1,30H

　　MOV　@R1,♯30H

2) 数据指针赋值指令

当要对片外的 RAM 和 I/O 接口进行访问,或进行查表操作时,通常要对 DPTR 赋值。

指令为：MOV　　DPTR,♯data16

　　如：将数据指针 DPTR 指向外部 RAM 的 2000H 单元。

　　　　MOV　　DPTR,♯2000H

　　如：将数据指针 DPTR 指向存于 ROM 中的表格首地址。

　　　　MOV　　DPTR,♯TABLE

3) 片外数据传送指令

使用 DPTR 和 Ri 进行间接寻址。

MOVX　A, @DPTR　;A ←((DPTR))片外

MOVX　A,@Ri　　; A ←((Ri))片外

MOVX　@DPTR,A　;(DPTR)片外←(A)

MOVX　@Ri,A　　　;(Ri)片外←(A)

注意：

该指令用于在单片机和外部 RAM、扩展 I/O 进行数据传送；

使用 Ri 时，只能访问低 8 位 00H～FFH 地址段；

使用 DPTR 时，能访问 0000H～FFFFH 地址段。

如：MOV　DPTR，♯2003H

　　MOV　A，♯00H

　　MOVX　@DPTR，A

4）ROM 数据访问指令

查表指令格式：

```
MOVC    A,    @A+DPTR  ;A←((A)+(DPTR))
MOVC    A,    @A+PC      ;A←((A)+(PC))
```

如：MOV　　DPTR，♯3000H

　　MOV　　A，　♯55H

　　MOVC　A，　@A+DPTR

例：在累加器 A 中存放 0～9 的某个数，现要求查出该数的 7 段共阴显示代码，并将代码传回累加器。

解决方案：在程序存储器中划出一个区域用于存放 0～9 的 7 段共阴显示代码，比如将代码存放在 0400H 开始的地方。程序如下：

```
……
MOV    DPTR,  ♯0400H
MOVC  A,        @A+DPTR
……
ORG  0400H
DB    3FH  ;0 的 7 段共阴显示代码
DB    06H  ;1 的 7 段共阴显示代码
DB    5BH  ;2 的 7 段共阴显示代码
DB    4FH  ;3 的 7 段共阴显示代码
DB    66H  ;4 的 7 段共阴显示代码
……
```

❖ 注意：我们只能将程序存储器中的数据传出（读出），而不能将数据传入（写入）程序存储器。

因此，语句：

　　MOVC　　@A+DPTR，A

　　MOVC　　@A+PC，A

都是错误的。

5）堆栈操作指令

堆栈操作指令包含入栈（PUSH）和出栈（POP）。在使用堆栈之前首先要给堆栈指针 SP 赋值。

指令格式：PUSH　　direct

　　　　　POP　　　direct

注意：先入后出原则。

程序举例：

```
MOV    SP ，  ♯30H
PUSH   SBUF；SP ← (SP)+1，  31H←(SBUF)
PUSH   60H  ；SP ← (SP)+1，  32H←(60H)
……
POP    60H  ；60H ←(32H)，SP ← (SP)−1
POP    SBUF；SBUF ←(31H)，SP ←(SP)−1
```

6）数据交换指令

字节交换指令指内部 RAM 中的某个单元和累加器 A 之间进行数据交换，可以是整个字节，也可以是半个字节。包含 3 种交换方式：

➤ 整字节交换指令

XCH　　　A, Rn　　　；(A) ← →(Rn)

XCH　　　A，direct　；(A) ← →(direct)

XCH　　　A，@Ri　　；(A) ← →((Ri))

➤ 半字节交换指令

XCHD　　A,@Ri　；　(A) 3～0 ← →((Ri))3～0

➤ 累加器 A 高低半字节交换指令

SWAP　A

4. 算术运算类指令

算术运算指令有加法、减法、乘法和除法四类，除加 1 和减 1 指令外，其他所有的指令都将影响 PSW 的标志位。

程序状态字 PSW 各位含义说明如表 2-1 所示。

表 2-1　PSW 位说明

D7	D6	D5	D4	D3	D2	D1	D0
CY	AC	F0	RS1	RS0	OV		P
进位借位	辅助进位	自定标志	通用寄存器选择位		溢出标志		奇偶校验

1) 不带进位的加法指令

ADD A,Rn ;A ←(A)+(Rn)

ADD A, direct ;A ←(A)+(direct)

ADD A, @Ri ;A ←(A)+((Ri))

ADD A, ♯data ;A ←(A)+data

如：将内部 RAM 中 40H 和 41H 单元的数相加,再把和送到 42H 单元。

    MOV   A， 40H

    ADD   A， 41H

    MOV   42H， A

① 加法运算对 PSW 标志位的影响

在上例中,如果运算结果超出 FFH(255),将产生进位——PSW 的 CY 位将被置 1。

若预先说明 40H 和 41H 中放置的是有符号数,则在运算指令"ADD A,41H"执行后,还要检查 PSW 中溢出位 OV 的状态。如果 OV 位为 1,则运算结果错误。

② 溢出产生的条件

在运算时,如果 D6 位和 D7 位中一个有进位而另一个无进位,则 OV＝1,溢出。即：

OverFlow＝C6⊕C7　OverFlow＝1,溢出；

OverFlow＝0：无溢出

溢出发生在有符号数的运算中,同符号数相加或异符号数相减,则可能发生溢出。异符号数相加一定不会产生溢出！

2) 带进位的加法运算

该类指令主要用于多字节的加法运算。

ADDC   A， Rn   ;A←(A)+(Rn)+(CY)

ADDC   A， direct ; A ←(A)+(direct)+(CY)

ADDC   A， @Ri   ; A ←(A)+((Ri))+(CY)

ADDC   A， ♯data ; A ←(A)+data+(CY)

❖ 如果加数和被加数是无符号数,则在计算后要注意是否产生进位。

❖ 如果加数和被加数是有符号数,则在计算后要注意是否溢出。只要溢出,则运算结果错误;如果无溢出,则注意是否有进位。

例：加数存放在内部 RAM 的 41H(高位)和 40H(低位),被加数存放在 43H(高位)和 42H(低位),将它们相加,和存放在 46H～44H 中。

程序：

    CLR   C

    MOV   A， 40H

    ADD   A， 42H

```
MOV      44H,A
MOV      A，41H
ADDC     A，43H
MOV      45H,A
CLR      A
ADDC     A，  #00H
MOV      46H,A
```

3）加 1 指令

```
INC      A        ;A ←(A)+1
INC      Rn       ;Rn ←(Rn)+1
INC      direct   ; direct ←(direct)+1
INC      @Ri      ;(Ri) ←((Ri))+1
INC      DPTR     ;DPTR ←(DPTR)+1
```

注意：以上所有指令不会影响 PSW 中的各个标志位。

如：设(A)=FFH,(R0)=25H,(26H)=3AH,(DPTR)=2000H

执行程序：
```
            INC     A
            INC     R0
            INC     @R0
            INC     DPTR
```

结果为：(A)=00H,(R0)=26H,(26H)=3BH,(DPTR)=2001H。

4）减 1 指令

```
DEC      A        ;A←(A)−1
DEC      Rn       ;Rn ←(Rn)−1
DEC      direct   ;direct ←(direct)−1
DEC      @Ri      ;(Ri) ←((Ri))−1
```

注意：减 1 指令也不会影响 PSW 的各个标志位。

思考：设(A)=FFH,(R0)=27H,(26H)=3AH

执行程序：
```
DEC         A
DEC         R0
DEC         @R0
```

结果(A)=＿＿＿ ,(R0)=＿＿＿＿ ,(26H)=＿＿＿＿。

5）减法指令

```
SUBB    A，   Rn      ;A ←(A)−(Rn)−(CY)
```

SUBB A, direct ;A←(A)−(direct)−(CY)

SUBB A, @Ri ;A←(A)−((Ri))−(CY)

SUBB A, ♯data ;A←(A)−data−(CY)

❖ 如果减数和被减数是无符号数,则在计算后要注意是否产生借位。

❖ 如果减数和被减数是有符号数,则在计算后要注意是否溢出。如果有溢出,则运算结果错误;如果无溢出,则注意是否有借位。

如:设(A)=C9H,(R2)=54H,(CY)=1,执行指令

SUBB   A, R2

     11001001

     01010100

 −   1

     01110100

结果:(A)=74H,借位位(CY)=0。

6) 乘法运算

  MUL AB

指令含义:将(A)×(B),乘积的低位字节放在 A 中,高位字节放在寄存器 B 中。

❖ 对 PSW 状态位的影响:

CY 位被清零

乘积大于 FFH 时,OV 位为 1。

如:MOV A,♯87H

  MOV B,♯0ABH

  MUL AB

则:A=？(2DH)   B=？(5AH) OV=？1

7) 除法运算

DIV AB

指令含义:将(A)÷(B),将商放入 A,余数放入寄存器 B 中。

❖ 对 PSW 标志位的影响:

 CY 位被清零

 如果除数(B)=0,则 OV 位被置 1,表示除法无意义,不能进行。

如:MOV A,♯100

  MOV B,♯26

  DIV AB

则:A=？03   B=？22(16H)   CY=？0

8）十进制调整指令

　　DA　　A

这条指令用于对 BCD 编码的十进制数相加结果进行调整。例：

	10010011	(93)BCD
+	00111000	(38)BCD
	11001011(CBH)	131

相应程序：

```
MOV    R2,♯93H
MOV    A,♯38H
ADD    A,R2
DA     A
```

5. 逻辑运算类指令

　　该类指令包含与、或、非、清零、异或和移位指令等共 24 条。这些指令都不会影响 PSW 的各标志位。

　　1）逻辑与运算指令组

```
ANL    A,Rn  ;A ←(A)∧(Rn)
ANL    A,direct；A ←(A)∧(direct)
ANL    A,@Ri；A ←(A)∧((Ri))
ANL    A,   ♯data；A ←(A)∧data
ANL    direct,A；direct ←(A)∧(direct)
ANL    direct,♯data；direct ←(direct)∧data
```

　　例：(A)＝78H,(R1)＝37H,则执行指令 ANL　A,R1 后,(A)＝30H

(A)	01111000
(R1)　∧	00110111
(A)	00110000

　　程序设计：读入 P1 口的数据,将其低 4 位清零,高 4 位保留,再把结果放到内部 RAM 的 40H 单元。

```
MOV    P1,♯0FFH     ;使 P1 口置位输入方式,先要写 1
MOV    A,P1         ;读 P1 口数据到 A
ANL    A,♯0F0H      ;A 的高 4 位和 0F 与,不变,低 4 位和 0 与,清零
MOV    40H,A        ;把 Acc 的值写到片内 RAM40H 单元
```

　　2）逻辑或运算指令

```
ORL    A,Rn  ;A ←(A)∨(Rn)
```

ORL   A,direct；A ←(A)∨(direct)

ORL   A,@Ri；A ←(A)∨((Ri))

ORL   A，♯data；A ←(A)∨data

ORL   direct,A；direct ←(A)∨(direct)

ORL   direct,♯data；direct ←(direct)∨data

或运算举例：假设(A)＝60H,(30H)＝79H,则执行指令 ORL A,30H 后,(A)＝79H。

$$
\begin{array}{r}
(A) \quad\quad 01100000 \\
(30H) \quad \vee \quad \underline{01111001} \\
01111001
\end{array}
$$

程序设计举例：将串口缓冲区 SBUF 中的数据送到内部 RAM 的 40H 单元,再将其低 7 位(D6～D0)全部变成 1。

MOV   40H,SBUF

ORL   40H,♯7FH

3) 逻辑异或运算

XRL   A,Rn ;A ←(A)⊕(Rn)

XRL   A,direct；A ←(A)⊕(direct)

XRL   A,@Ri；A ←(A)⊕((Ri))

XRL   A，♯data；A ←(A)⊕data

XRL   direct,A；direct ←(A)⊕(direct)

XRL   direct,♯data；direct ←(direct)⊕data

异或运算举例：假设(A)＝45H,(60H)＝78H,则在执行指令 XRL A,60H 后,(A)＝3DH。

$$
\begin{array}{r}
(A) \quad\quad 01000101 \\
(60H) \oplus \quad \underline{01111000} \\
00111101
\end{array}
$$

异或指令可用于判断两个字节中的数据是否相等。

程序设计：如果(40H)＝(60H),将 PSW 中的 F0 位置 1。

CLR   F0

MOV   A,40H

XRL   A,60H

JNZ   OUT

SETB   F0 ;(40h)＝(60h) f0＝1

    …..

OUT：　…..　　　　　　　　;(40h)<>(60h)

4）累加器清零和取反指令

累加器清零指令：

　　　　CLR　　A　　;A←0

累加器按位取反指令：

　　　　CPL　　A　　;A←/A

例：假设(A)=89H,在执行指令 CPL　　A 后,(A)=76H。

　　89H=10001001

取反：　　01110110=76H

5）累加器移位指令

➤ 循环左移(图 2-10)

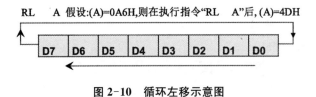

图 2-10　循环左移示意图

➤ 循环右移(图 2-11)

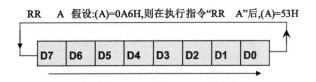

图 2-11　循环右移示意图

➤ 带进位循环左移

RLC　A

例：假设（A）=0A6H,（CY）=0;则在执行指令"RLC　A"后,（A）=＿＿＿＿,（CY）=＿＿＿＿。

➤ 带进位循环右移

RRC　A

例：假设（A）=0A6H,（CY）=0;则在执行指令"RRC　A"后,（A）=＿＿＿＿,（CY）=＿＿＿＿。

6. 控制转移类指令

在编写一个略复杂的控制程序时,不免要涉及程序的跳转和子程序调用,这时就要用到转移类指令。转移类指令包含条件转移和无条件转移两种。

1) 无条件转移指令组

➢ 长转移指令

LJMP　　　　　目标语句

说明:目标语句可以是程序存储器 64 KB 空间的任何地方。

➢ 绝对转移指令

AJMP　　　目标语句

例:　　4002H　　AJMP　　　　　MM

　　　　　　　　　　……

　　　　4600H　　　MM: MOV　　A,♯00H

注意:目标语句必须和当前语句同页。在 51 单片机中,64 KB 程序存储器分成 32 页,每页 2KB(7FFH)。

比如:　　　0000H~07FFH
　　　　　　0800H~0FFFH
　　　　　　1000H~17FFH
　　　　　　1800H~1FFFH

➢ 短跳转指令

SJMP　　　　　目标语句(rel)

转移目的地址=(PC)+2+rel

所以 rel=转移目的地址-(PC)-2,但实际使用中常写成 SJMP addr16,汇编时会自动转换成 rel。

例:　　　　4060H　　　　　　　　SJMP　　　LOOP

　　　　　　　　　　　……

　　　　4090H　LOOP: MOV　　　　A,♯0FFH

　　　　　　　　　　　……

❖ 注意:短跳转的目标语句地址必须在当前语句向前 128(80H)字节、向后 127(7FH)字节之间,否则在进行程序编译时肯定出错。

➢ 变址寻址转移指令

JMP　　　@A+DPTR

该指令主要用于多分支的跳转程序设计。跳转的目标地址是累加器 A 和数据指针 DPTR 之和,它可以是 64 KB 存储空间的任何地方。

程序设计举例:如果(A)=00H,执行 SS 子程序;如果(A)=01H,执行 MM 子程序;如果(A)＝02H,执行 XX 子程序。

```
                ORG       4000H
                MOV       DPTR,     ＃5000H
                MOV       R2,A
                CLR       C
                RLC       A
                ADD       A,     R2
                JMP       @A＋DPTR
                ……
                ORG       5000H
5000H    LCALL   SS
5003H    LCALL   MM
5006H    LCALL   XX
```

2) 条件转移指令组

所谓条件转移,指指令中规定的条件满足时,程序跳转到目标地址。

➢ 累加器判零转移指令

JZ   目标地址(rel) ;如(A)＝0,跳到目标语句

                              ;如(A)≠0,顺序执行下一条指令

JNZ   目标地址(rel) ;如(A)≠0,跳到目标语句

                              ;如(A)＝0,顺序执行下一条指令

目标地址 rel(偏移量),实际使用中常写成 addr16(16 位的符号地址),汇编时会自动
转换成 rel。

❖ 注意:目标语句的地址是相对地址,应该在当前语句向前不超过 128 字节,向后不
超过 127 字节。

程序举例:

```
                MOV       A,   ＃10H
                JZ        OUT
                MOV       R2,＃30H
                ……
                ……
OUT:     RLC     A
                ……
```

➢ 数值比较转移指令

CJNE   A,   ＃data ,目标语句(rel)

指令含义:如累加器的数和立即数不相等,则跳到目标语句;若相等,则顺序执行下一
条指令。

```
CJNE    A,direct,rel
CJNE    Rn, ♯data,rel
CJNE    @Ri,   ♯data,rel
```

程序举例：如果(A)=00H,执行 SS 子程序；如果(A)=10H,执行 MM 子程序；如果(A)=20H,执行 XX 子程序。

```
CJNE    A,♯00H,SS
......
CJNE    A,♯10H,MM
......
CJNE    A,♯20H,XX
......
......
SS:     ......
        ......
MM:......
        ......
XX:......
        ......
```

➢ 减 1 条件转移指令组

该类指令主要用于循环程序设计。

```
DJNZ   Rn,目标地址(rel)；
```

如果(Rn)-1≠0,则程序跳转到目标语句,否则顺序执行下一条语句。

```
DJNZ    direct,目标地址(rel)
```

程序设计举例：

将内部 RAM 中 30H～3FH 的数依次送到 70H～7FH 单元中。

```
        ORG    0000H
        MOV    R0,♯30H      ;数据源首地址
        MOV    R1,♯70H      ;数据存放目标首地址
        MOV    R2,♯10H      ;数据个数
LOOP：MOV     A,@R0
        MOV     @R1,A
        INC     R0
        INC     R1
        DJNZ    R2,LOOP
```

```
       SJMP        $
       END
```

3）子程序调用和返回指令

➤ 长调用指令

LCALL　　　目标子程序标号

例：LCALL　DELAY　;调用 DELAY 子程序

❖ 目标子程序的地址可以是 64 KB 存储器空间的任何地方。

➤ 绝对调用指令

　　ACALL　　　目标子程序

例：ACALL　　　　DELAY

❖ 注意：目标子程序必须和调用语句同页。

➤ 子程序返回指令

　　RET　　　　　　　;子程序调用返回

➤ 中断服务子程序返回指令

　　RETI　　　　　　　;中断服务子程序返回

4）空操作指令

指令格式：NOP。

指令作用：计算机执行这条指令时，只是消耗 1 个机器周期的时间。

7. 位操作类指令

位寻址区域：内部 RAM 中 20H～2FH 单元中的 128 位和专用寄存器中的 83 位，一共是 211 位。凡是可以进行位寻址的位，都可以进行位操作。

1）位传送指令

```
MOV     C,bit      ;CY ←(bit)
MOV     bit , CY   ;bit ←(CY)
```

例：MOV　　　C,00H　　　;将 00H 位的状态传送给 CY

　　MOV　　　P1.0,C　　　;将 CY 位的状态传给 P1 口的第 0 位

2）位置"1"和清"0"

```
CLR     bit  ;    bit ←0
CLR     C    ;    CY ←0
SETB    bit  ;    bit ←1
SETB    C    ;    CY ←1
```

例：将 P1 口的第 7 位置成高电平。

    SETB   P1.7

例：SETB   20H

    MOV C， 20H

    CLR   20H

3）位逻辑运算指令

ANL   C，   bit   ;C ←(C) Λ(bit)

ANL   C，   /bit   ; C ←(C) Λ(/bit)

ORL   C，   bit   ;C ←(C) V(bit)

ORL   C，   /bit   ; C ←(C) V(/bit)

CPL   C   ;C ←/C

CPL   bit   ;bit ←/bit

4）位控制转移指令

JC   rel   ;如果(CY)＝1,跳到目标语句

JNC   rel   ;如果(CY)＝0,跳到目标语句

JB   bit,   rel;如果(bit)＝1,跳到目标语句

JNB   bit,   rel ;如果(bit)＝0,跳到目标语句

JBC   bit,   rel ;如果(bit)＝1,跳到目标语句,同时将 bit 位清零

例：   JB   P1.0，   LOOP

        JBC P1.1，   LOOP1

8. 伪指令

伪指令又称汇编程序控制译码指令,属说明性汇编指令。

"伪"字体现在汇编时不产生机器指令代码,不影响程序的执行,仅产生供汇编时用的某些命令,在汇编时执行某些特殊操作。

MCS-51 单片机汇编语言程序设计中,常用的伪指令有以下七条：

ORG——起始地址伪指令

END——汇编结束伪指令

EQU——赋值伪指令

DB——定义字节数据伪指令

DW——定义数据伪指令

DS——定义空间伪指令

BIT——位定义指令

1) 起始地址伪指令 ORG

功能：用于规定目标程序段或数据块的起始地址，设置在程序开始处。

例：　ORG 0000h

　　　LJMP MAIN

　　　ORG 0100H

　　　MAIN：…

　　　　　…

2) 汇编结束伪指令 END

功能：对源程序的汇编到此结束。一个程序中只出现一次，在程序的最末尾。

例：　……

　　　……

　　　END

3) 赋值伪指令 EQU

格式：　标号名称　　EQU　　数值或汇编符号

功能：将汇编语句操作数的值赋予本语句的标号。先定义后使用，放在程序开头。

"标号名称"在源程序中可以作数值使用，也可以作数据地址、位地址使用。

例：

```
led_lamp        equ      p1.0
counter         equ      100
display_addr    equ      2000h
.............
mov    r0，♯counter
mov dptr，♯display_addr
mov    c，    led_lamp
```

4) 定义字节数据伪指令 DB

格式：[标号：]　DB　字节数据表

功能：字节数据表可以是多个字节数据、字符串或表达式，它表示将字节数据表中的数据从左到右依次存放在指定地址单元。

例：ORG 1000H

TAB：DB　2BH，0A0H，'A'，2 * 4　；

表示从 1000H 单元开始的地方存放数据 2BH，0A0H，41H（字母 A 的 ASCII 码），08H。

5）定义字数据伪指令 DW

格式：［标号：］　DW　字数据表

功能：与 DB 类似，但 DW 定义的数据项为字，包括两个字节，存放时高位在前，低位在后。

例：ORG 1000H

DATA：DW　32 4AH，3CH ；

表示从 1000H 单元开始的地方存放数据 32H，4AH，00H ，3CH（3CH 以字的形式表示为 003CH）。

6）定义空间伪指令 DS

格式：［标号：］　DS　表达式

功能：从指定的地址开始，保留多少个存储单元作为备用的空间。

例：ORG　1000H

　　BUF：　DS　50

　　TAB：　DB　22H　;22H 存放在 1032H 单元

表示从 1000H 开始的地方预留 50 个（1000H～1031H）存储字节空间。

7）数据地址赋值伪指令 XDATA

格式：符号名　XDATA　表达式

功能：将表达式的值或某个特定汇编符号定义为一个指定的符号名，可以先使用后定义，并且用于双字节数据定义。

例：

　　　DELAY　XDATA　0356H

　　　LCALL　DELAY ;执行指令后，程序转到 0356H 单元执行

8）符号定义伪指令 EQU 或"＝"

格式：符号名　EQU　表达式　　或　　符号名＝表达式

功能：将表达式的值或某个特定汇编符号定义为一个指定的符号名，只能定义单字节数据，并且必须遵循先定义后使用的原则，因此该语句通常放在源程序的开头部分。

例：

LEN＝10

SUM　EQU　21H

…

MOV　A,♯LEN;执行指令后，累加器 A 中的值为 0AH

…

训练技能

2.1.5 引导文（学生用）

学习领域	单片机小系统设计与制作
项目	基于单片机小系统的灯光设计与制作
工作任务	控制霓虹灯
学时	

任务描述：用单片机组成一个最小应用系统，利用 P1 口控制 8 个发光二极管，以实现流水灯的效果。

学习目标：掌握单片机的存储器结构。
掌握单片机 4 个 I/O 端口的功能和使用方法。
熟悉汇编语言常用指令。
熟练掌握汇编语言程序设计的基本方法。
理解霓虹灯控制电路的构成、工作原理和电路中各器件的作用，并对电路进行分析和计算。

资讯阶段	将学生按 6 人一组分成若干个小组，确定小组负责人。 小组名称：　　　　　小组负责人：　　　　　小组成员： 1. 什么是 I/O 口，它们各有什么作用，有什么区别？ 2. MCS-51 单片机指令系统有哪些常用指令？ 3. MCS-51 单片机有哪几种寻址方式？ 4. 延时如何实现？ 5. 如何使 8 盏灯依次点亮？

	1. 每小组再按 2 人一组分成 3 个小分组。 2. 明确任务，并确定准备工作。 3. 小组讨论，进行合理分工，确定实施顺序。 请根据学时要求作出团队工作计划表。

	分组号	成员	完成时间	责任人
计划、 决策阶段				

实施阶段	1. 根据控制要求用 Proteus 软件绘制电路原理图。 2. 用 Keil 软件编写、调试程序。 3. Proteus、Keil 联合仿真调试，达到控制要求。 4. 将调试无误后的程序下载到单片机中。 5. 根据原理图，在提供的电路万用板上合理地布置电路所需元器件，并进行元器件、引线的焊接。 6. 检查元器件的位置是否正确、合理，各焊点是否牢固可靠、外形美观，最后对整个单片机进行调试，检查是否符合任务要求。 7. 思考在工作过程中如何提高效率。 8. 对整个工作的完成情况进行记录。

检查阶段	1. 效果检查：各小组先自己检查控制效果是否符合要求。 2. 检验方法的检查：小组中一人对观测成果的记录、计算进行检查，其他人评价其操作的正确性及结果的准确性。 3. 资料检查：各小组上交前应先检查需要上交的资料是否齐全。 4. 小组互检：各小组将资料准备齐全后，交由其他小组进行检查，并请其他小组给出意见。 5. 教师检查：各小组资料及成果检查完毕后，最后由教师进行专项检查，并评价，填写评价记录。

评估阶段

一、评分办法和分值分配如下：

内　容	分值	扣分办法
1. 原理图绘制	20 分	每处错误扣 2 分
2. 程序设计	20 分	每处错误扣 2 分
3. 联合仿真	20 分	无效果扣 15 分，效果错误扣 10 分
4. 硬件制作	20 分	每错一项扣 5 分
5. 出勤状况	20 分	迟到 5 min 扣 5 分，迟到 1 h 扣 10 分，2 h 扣 20 分，缺勤半天扣 20 分

注：
1. 每人必须在规定时间内完成任务。
2. 如超时完成任务，则每超过 10 min 扣减 5 分。
3. 小组完成后及时报请验收并清场。

二、进行考核评估

小组自评与互评成绩评定表

学生姓名_____　　教师_____　　班级_____　　学号_____

序号	考评项目	分值	考核办法	成员名单						
1	学习态度	20	出勤率、听课态度、实训表现等							
2	学习能力	20	回答问题、完成学生工作页质量							
3	操作能力	40	成果质量							
4	团结协作精神	20	以所在小组完成工作的质量、速度等进行评价							
自评与互评得分										

1）参考原理图（图 2-12）

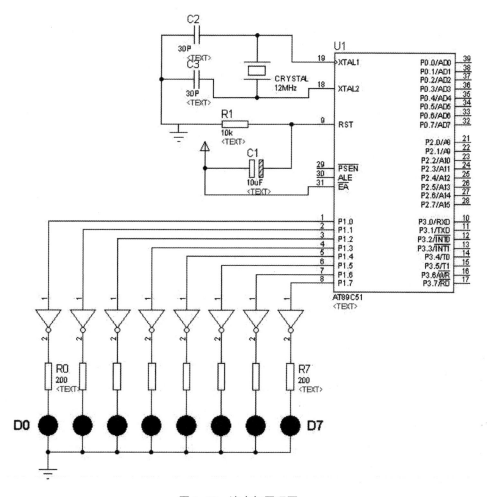

图 2-12　流水灯原理图

2）参考程序

程序功能：用移位指令控制 8 个发光二极管从左到右逐一点亮显示。

（1）汇编语言：

ORG　0000H　　　　　　　;程序从地址 0000H 开始存放

MOV A,♯0FEH　　　　　　;将立即数 FEH 送 A

MAIN：MOV P1,A　　　　　;A 送 P1 口,点亮与 P1.0 连接的发光二极管 D0

RL　A　　　　　　　　　;左移

ACALL　DELAY　　　　　　;调用延时子程序

AJMP　　MAIN　　　　　　;循环执行主程序

DELAY：　MOV R3,♯0FFH　;延时子程序

DEL2：　MOV R4,♯0FFH

DEL1：　NOP

```
DJNZ R4,DEL1
DJNZ R3,DEL2
RET                          ;子程序返回
END                          ;汇编程序结束
```

（2）C 语言：

方法一：

```
#include<reg51.h> //头文件
sbit LED1=P0^0;
sbit LED2=P0^1;
sbit LED3=P0^2;
sbit LED4=P0^3;
sbit LED5=P0^4;
sbit LED6=P0^5;
sbit LED7=P0^6;
sbit LED8=P0^7;
void delay(unsigned int i)
{
while(i--);
}
void main()
{
    while(1)
    {
        P0=0x01;
        LED1=1;
        LED2=0;
        LED3=0;
        LED4=0;
        LED5=0;
        LED6=0;
        LED7=0;
        LED8=0;//位操作
        delay(5000);
        LED1=0;
        LED2=1;
        LED3=0;
        LED4=0;
```

```
    LED5=0;
    LED6=0;
    LED7=0;
    LED8=0;//位操作
    delay(5000);
    LED1=0;
    LED2=0;
    LED3=1;
    LED4=0;
    LED5=0;
    LED6=0;
    LED7=0;
    LED8=0;//位操作
delay(5000);
    LED1=0;
    LED2=0;
    LED3=0;
    LED4=1;
    LED5=0;
    LED6=0;
    LED7=0;
    LED8=0;//位操作
delay(5000);
    LED1=0;
    LED2=0;
    LED3=0;
    LED4=0;
    LED5=1;
    LED6=0;
    LED7=0;
    LED8=0;//位操作
delay(5000);
    LED1=0;
    LED2=0;
    LED3=0;
    LED4=0;
    LED5=0;
    LED6=1;
```

```
        LED7=0；
        LED8=0；//位操作
    delay(5000)；
      LED1=0；
      LED2=0；
      LED3=0；
      LED4=0；
      LED5=0；
      LED6=0；
      LED7=1；
      LED8=0；//位操作
    delay(5000)；
      LED1=0；
      LED2=0；
      LED3=0；
      LED4=0；
      LED5=0；
      LED6=0；
      LED7=0；
      LED8=1；//位操作
    delay(5000)；
      }
  }
```

方法二：

```
#include<reg52.h>              /*将头文件 reg52.h 包含进来*/
void delay()                   /*延时子程序*/
{int x,y;
for(x=0;x<=100;x++)
  for(y=0;y<=500;y++);
}
void main()                    /*主函数*/
{int i=1,a[ ]={0,1,2,4,8,16,32,64};
P1=0x01;                       /*P1 口给初值,第一盏灯亮*/
for(;i<=8;i++)                 /*循环 8 次*/
{delay();
P1-=a[i];}                     /*单盏灯右移循环点亮*/
}
```

3) 软件仿真效果(图 2-13)

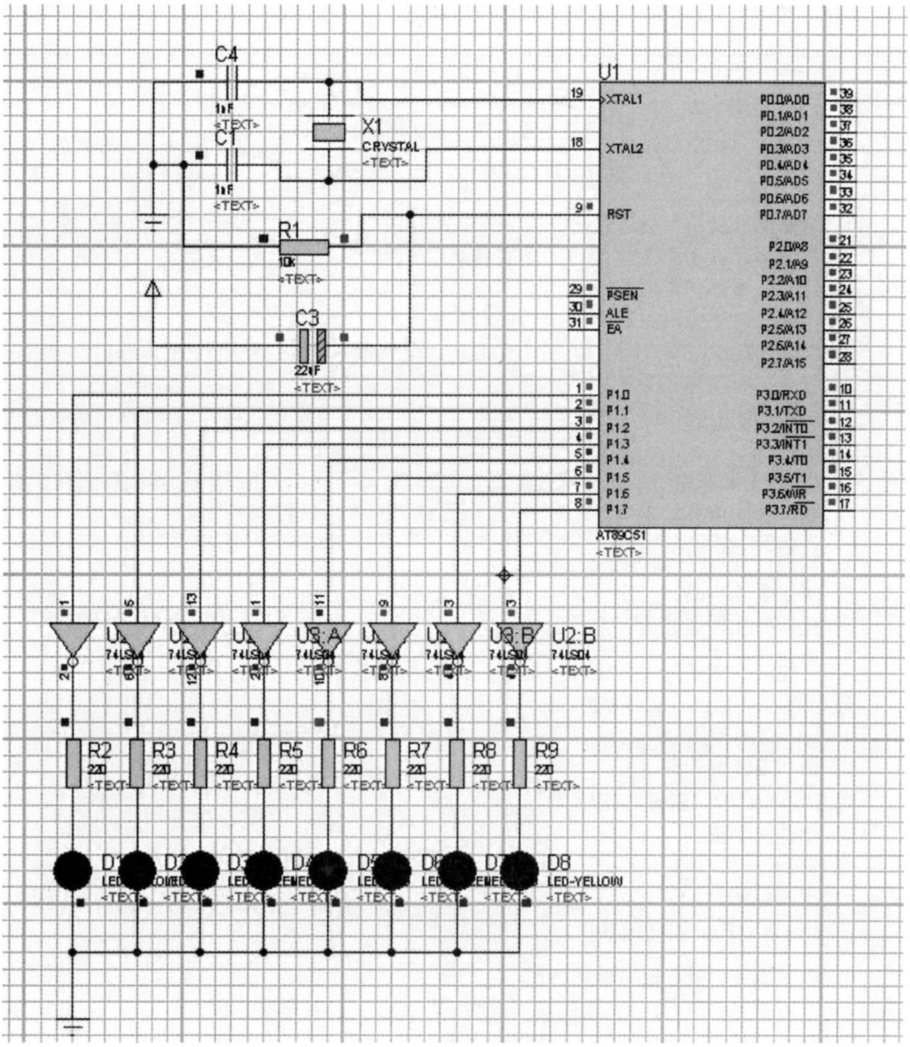

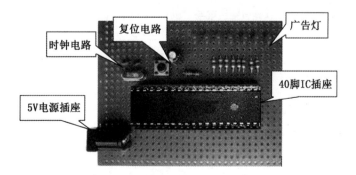

图 2-13　流水灯软件仿真效果图

4) 参考硬件成品(图 2-14)

图 2-14　流水灯硬件制作实物图

2.1.6 任务设计(老师用)

学习领域	单片机小系统设计与制作		
工作项目	基于单片机小系统的灯光设计与制作		
工作任务	控制霓虹灯	学时	6
学习目标	1. 掌握单片机的存储器结构。 2. 掌握单片机 4 个 I/O 端口的功能和使用方法。 3. 熟悉汇编语言常用指令。 4. 熟练掌握汇编语言程序设计的基本方法。 5. 理解霓虹灯控制电路的构成、工作原理和电路中各器件的作用,并对电路进行分析和计算。		
工作任务描述	用单片机组成一个最小应用系统,利用 P1 口控制 8 个发光二极管,以实现流水灯的效果。		
学习任务设计	1. 设计、绘制霓虹灯的单片机控制系统原理图,编写调试程序,并联合仿真,实现控制要求。 2. 根据软件仿真结果,利用万用板制作霓虹灯的单片机控制系统实物。		
提交成果	1. 软件仿真效果(含原理图、程序)。 2. 制作硬件成品。 3. 自评与互评评分表。 4. 作业。		
学习内容	学习重点: 1. I/O 口的使用。 2. 指令系统。 3. Proteus、Keil 软件的使用。 4. 硬件制作工艺。 学习难点: 1. 指令系统。 2. Proteus、Keil 软件的使用。		
教学条件	1. 教学设备:单片机试验箱、计算机。 2. 学习资料:学习材料、软件使用说明、焊接工艺流程、视频资料。 3. 教学场地:一体化教室、一体化实训场。		
教学设计与组织	一、咨询阶段 1. 教师展示一霓虹灯效果,引导学生分解控制要求。(教师引导学生思考) 2. 讲解单片机 I/O 口功能。(教师讲解,动画展示) 3. 讲解指令系统。(教师讲解与示范,学生模仿) 4. 讲解软件使用方法。(教师讲解与示范,学生模仿) 5. 讲解联合仿真。(教师讲解与示范,学生模仿) 6. 讲解硬件制作。(教师讲解与示范,学生模仿) 7. 安排工作任务。(6 名学生一组) 二、计划、决策阶段 1. 明确任务。 2. 小组讨论,分成 3 个小分组,进行分工协作安排。 三、实施阶段 1. 先根据控制要求绘制原理图。(学生操作,教师指导) 2. 按原理图编写调试程序,并联合仿真,根据控制效果调试程序或修改原理图。(学生操作,教师指导)		

教学设计与组织	3. 下载程序到单片机,并进行硬件制作。(学生操作,教师指导) 四、检查阶段 各小组先自己检查控制效果是否符合要求,然后由小组之间互相检查,最后指导教师检查确认。(以学生自查为主、教师指导为辅) 五、评估阶段 1. 各小组选出一人陈述施测过程和成果,指导教师对实施过程和成果进行点评。 2. 根据个人自评、小组互评和教师评价进行综合成绩评定。					
考核标准 (100分)	成果评定(50分)	教师根据学生提交成果的准确性和完整性评定成绩,占50%。				
	学生自评(10分)	学生根据自己在任务实施过程中的作用及表现进行自评,占10%。				
	小组互评(15分)	根据工作表现、发挥的作用、协作精神等,小组成员互评,占15%。				
	教师评价(25分)	根据考勤、学习态度、吃苦精神、协作精神、职业道德等进行评定; 根据任务实施过程每个环节及结果进行评定; 根据实习报告质量进行评定。 综合以上评价,占25%。				

2.1.7　工具、设备及材料

工具:电烙铁、吸锡器、镊子、剥线钳、尖嘴钳、斜口钳等。

设备:单片机试验箱、万用表、计算机等。

材料:AT89C51单片机一块,相关电阻、电容一批,晶振一个,电路万用板一块,导线若干,焊锡丝,松香等。

2.1.8　成绩报告单(以小组为单位和以个人为单位)

序号	工作过程	主要内容	评分标准	分配	学生(自评)		教师	
					扣分	得分	扣分	得分
1	资讯 (10分)	任务相关知识查找	查找相关知识,该任务知识掌握度达到60%,扣5分	10				
			查找相关知识,该任务知识掌握度达到80%,扣2分					
			查找相关知识,该任务知识掌握度达到90%,扣1分					
2	决策计划 (10分)	确定方案编写计划	制定整体方案,实施过程中修改一次,扣2分	10				
3	实施 (10分)	记录实施过程步骤	实施过程中,步骤记录不完整达到10%,扣2分	10				
			实施过程中,步骤记录不完整达到20%,扣3分					
			实施过程中,步骤记录不完整达到40%,扣5分					

序号	工作过程	主要内容	评分标准	分配	学生（自评）		教师	
					扣分	得分	扣分	得分
4	检查评价 （60 分）	小组讨论	自我评述完成情况	5				
			小组效率	5				
		整理资料	设计规则和工艺要求的整理	5				
			参观了解学习资料的整理	5				
		设计制作过程	设计制作过程的记录	10				
			焊接工艺的学习	5				
			外围元器件的识别	5				
			程序下载工具的学习	5				
			工厂参观过程的记录	5				
			常见编译软件的学习	10				
5	职业规范 团队合作 （10 分）	安全生产	安全文明操作规程	3				
		组织协调	团队协调与合作	3				
		交流与表达能力	用专业语言正确流利地简述任务成果	4				
合计				100				
学生自评总结								
教师评语								
学生签字			年　月　日	教师签字			年　月　日	

2.1.9　思考与训练

1. 用指令实现下列数据传送：

（1）R7 内容传送到 R4。

（2）内部 RAM20H 单元内容送内部 RAM40H 单元。

（3）外部 RAM20H 单元内容送内部 RAM30H 单元。

（4）ROM2000H 单元内容送 R2。

（5）外部 RAM3456H 单元内容送外部 78H 单元。

（6）外部 ROM2000H 单元内容送外部 20H 单元。

（7）外部 RAM2040H 单元内容与 3040H 单元内容交换。

（8）将片外数据存储器 20H～23H 单元内容传送到片外数据存储器 3000H～3003H 单元。

2. 使用 3 种方法将累加器 A 中的无符号数乘 2。

3. 利用 P1 口输出控制 8 个红、黄、绿三种不同颜色的发光二极管,彩灯从两端亮开始逐步向中间收缩,然后向两端扩展,再向中间收缩,如此反复,相邻状态的时间间隔为 0.5 s,实现 8 盏灯的缩展式点亮。

设计思路：从设计要求中找出规律,可以考虑用循环结构来实现(图 2-15)。经分析可知,设计的效果实际为彩灯从两端点亮开始逐步向中间收缩,然后向两端扩展,再向中间收缩,如此反复。

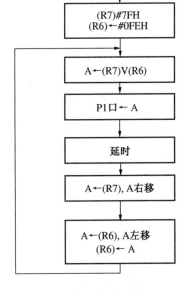

图 2-15 题 3 参考流程图

开始
(R7)#7FH
(R6)←#0FEH
A←(R7)∨(R6)
P1口←A
延时
A←(R7),A右移
A←(R6),A左移
(R6)←A

任务 2.2 控制交通灯

2.2.1 任务书

学生学号		学生姓名		成绩	
任务名称	控制交通灯	学时	6	班级	
实训材料与设备	参阅 2.2.9 节	实训场地		日期	
任务	设计一个简单交通灯模拟控制系统,实现用 P1 口控制 12 个发光二极管,模拟一个简单十字路口交通灯的工作,东西与南北向的红、绿、黄灯各两个。				
目标	1) 进一步熟悉 51 单片机外部引脚线路的连接。 2) 学习三种基本结构程序的编程方法及子程序的设计方法。 3) 掌握单片机全系统调试的过程及方法。 4) 培养学生良好的工程意识、职业道德和敬业精神。				
(一) 资讯问题					
1) 用 8051 单片机汇编语言进行程序设计的步骤是什么? 2) 常用的程序结构有哪几种? 特点如何? 3) 在子程序调用时,参数的传递方法有哪几种?					

（二）决策与计划

决策：

1）分组讨论，分析所给 AT89C51 单片机的内部结构。

2）查找资料，确定交通灯单片机应用系统电路的工作原理。

3）每组选派一位成员汇报任务结果。

计划：

1）根据操作要求，使用相关知识和工具按步骤完成相关内容。

2）列出设计单片机应用系统时需注意的问题。

3）确定本工作任务需要使用的工具和辅助资料，填写下表。

项目名称			
各工作流程	使用的工具	辅助资料	备注

（三）实施

1）根据控制要求用 Proteus 软件绘制电路原理图。

2）用 Keil 软件编写、调试程序。

3）Proteus、Keil 联合仿真调试，达到控制要求。

4）将调试无误后的程序下载到单片机中。

5）根据原理图，在提供的电路万用板上合理地布置电路所需元器件，并进行元器件、引线的焊接。

6）检查元器件的位置是否正确、合理，各焊点是否牢固可靠、外形美观，最后对整个单片机进行调试，检查是否符合任务要求。

7）思考在工作过程中如何提高效率。

8）对整个工作的完成情况进行记录。

（四）检查（评估）

检查：

1）学生填写检查单。

2）教师填写评价表。

评估：

1）小组讨论，自我评述完成情况及遇到的问题，并将问题写入汇报材料。

2）小组共同给出提高效率的建议，并将建议写入汇报材料。

3）小组准备汇报材料，每组选派一人进行汇报。

4）整理相关资料，列表说明项目资料及资料来源，注明存档情况。

项目名称		
项目资料名称	资料来源	存档备注

（续表）

5) 上交资料备注。	
项目名称	
上交资料名称	

6) 备注(需要注明的内容)

2.2.2　汇编语言分支程序设计

1. 双分支程序设计

双分支程序设计结构见图2-16。

例：内部 RAM 的 40H 单元和 50H 单元各存放了一个 8 位无符号数，请比较这两个数的大小，比较结果用发光二极管显示（LED 为低有效）：

若(40H)≥(50H)，则 P1.0 管脚连接的 LED1 发光；

若(40H)<(50H)，则 P1.1 管脚连接的 LED2 发光。

题意分析：

本例是典型的分支程序，根据两个无符号数的比较结果（判断条件），分别点亮相应的发光二极管。

❖ 比较两个无符号数常用的方法是将两个数相减，然后判断是否借位 CY。

➢ 若 CY=0，无借位，则 X≥Y；

➢ 若 CY=1，有借位，则 X<Y。程序的流程图如图 2-17 所示。

源程序如下：

X　DATA　40H

Y　DATA　50H

;数据地址赋值伪指令 DATA

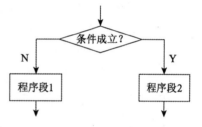

图 2-16　双分支选择结构图

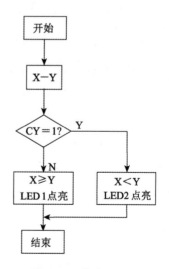

图 2-17　算法流程图

```
ORG    0000H
MOV    A，X    ；(X) →A
CLR    C        ；CY＝0
SUBB   A，Y
；带借位减法，A－（Y）－CY→A
JC     L1       ；CY＝1，转移到 L1
CLR    P1.0
；CY＝0，(40H)≥(50H)，点亮 P1.0 连接的 LED1
SJMP   FIN      ；直接跳转到结束等待
L1：CLR   P1.1
；(40H)＜(50H)，点亮 P1.1 接的 LED2
FIN：SJMP    $
END
```

2. 多分支程序设计

根据条件判断结果执行多个选择分支中的其一，多用散转指令"JMP @A＋DPTR"。

例：在某单片机系统中，按下一按键，键值（代表哪个键被按下）存放在内部 RAM 的 40H 单元内，如图 2-18 和图 2-19 所示。设计一段程序实现功能：

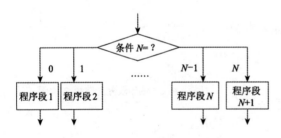

图 2-18　多分支选择结构流程图

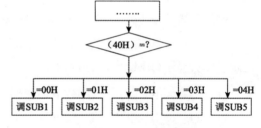

图 2-19　算法示意图

➢ 如果(40H)＝00H，调用子程序 SUB1；

➢ 如果(40H)＝01H，调用子程序 SUB2；

➢ 如果(40H)＝02H，调用子程序 SUB3；

➢ 如果(40H)＝03H，调用子程序 SUB4；

➢ 如果(40H)＝04H，调用子程序 SUB5。

例：

```
MOV    40H，A
MOV    DPTR，＃TAB
RL     A              ←  设定表格首地址
ADD    A，40H          }40H×3 传送给 A
JMP    @A＋DPTR        ←  查表转移
……
```

```
TAB：LCALL   SUB1
      LCALL   SUB2
      LCALL   SUB3
      LCALL   SUB4
      LCALL   SUB5
```

转移地址表

2.2.3 汇编语言循环程序设计

1. 单重循环程序设计

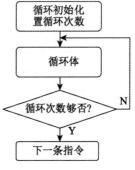

单重循环程序指在一个循环程序中不包含其他的循环(图 2-20)。

例：设计一段程序实现统计(A)中 1 的个数，并把结果存入 30H 单元中。

解题思路：要统计 1 的个数，可以利用 RLC 指令把 A 带上 CY 循环左移，如果移入 CY 的是 1，就让(30H)加 1，重复 8 次，可 **图 2-20 单重循环流程图** 以统计出结果(图 2-21)。

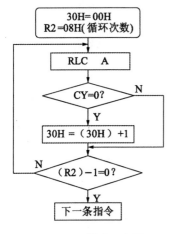

图 2-21 算法示意图

```
......
MOV   30H，#00H   30H 赋初始值，
MOV   R2，#08H    置循环次数
LOOP：RLC   A      移位，判断 CY
      JNC   NEXT    是否为 1，为 1
      INC   30H     则 30H 自加 1
NEXT：DJNZ   R2，LOOP←判断是否结束
......
```

2. 双重循环程序设计

双重循环程序指在一个循环程序中包含另一个循环。

例：延时 50 ms 子程序，设晶振主频率为 12 MHz。

延时程序结构特点：利用转移指令反复运行需要多次重复的程序段。

解题思路：在晶振频率确定之后，延时时间主要与两个因素有关：其一是内层循环体中指令执行的时间，其二是外层循环变量的设置。

已知主频率为 12 MHz，一个机器周期为 1 μs，执行一条 DJNZ 指令的时间为 2 μs，则延时 50 ms 的子程序如下：

DEL：MOV R7,♯200 ; 1 个 T_M＝1 μs

DEL1：MOV R6,♯123 ;1 个 T_M

  NOP   ;1 个 T_M

DEL2：DJNZ R6,DEL2 ;(2×123＋2)×T_M＝248 μs

  DJNZ R7,DEL1 ;[(248＋2)×200＋1]×T_M＝50.001 ms

  RET

3. 多重循环程序设计

多重循环程序指在一个循环程序中包含多个循环。

例：延时 1 s 子程序,设晶振主频率为 12 MHz。

DELAY： MOV R2, ♯100   ;延时 1 s 的循环次数

DEL3：   MOV R3,♯10   ;延时 10 ms 的循环次数

DEL2：   MOV R4,♯250   ;延时 1 ms 的循环次数

DEL1：   NOP   ;1 μs

    NOP   ;1 μs

    DJNZ R4,DEL1   ;2 μs

    DJNZ R3,DEL2

    DJNZ R2,DEL3

    RET

延时时间的简化计算结果：f_{osc}＝12 MHz

(1＋1＋2)×250×10×100＝1 000 000 (μs)＝1 (s)

延时程序总结：

1) 单层循环的延时程序

         f_{osc}＝12 MHz f_{osc}＝6 MHz

DELAY： MOV R1,♯TIME 1 μs   2 μs

LOOP： NOP   1 μs   2 μs

    NOP   1 μs   2 μs

    DJNZ R1,LOOP 2 μs   4 μs

    RET

估算时间(12 MHz)：(1＋1＋2)×TIME

2) 双层循环的延时程序

           指令周期

DELAY： MOV R3,♯(X)H   1 个 T 机器

DEL2： MOV R4,♯(Y)H   1 个 T 机器

DEL1： NOP   1 个 T 机器

    NOP   1 个 T 机器

    DJNZ R4,DEL1   2 个 T 机器

    DJNZ R3,DEL2　　　　　　　2 个 T 机器

    RET

估算时间(12 MHz)：$((1+1+2)\times Y)\times X$

3) 多层循环的延时程序依次类推,估算时间为(12 MHz)：$(1+1+2)\times N_1\times N_2\times\cdots\times N_n$

2.2.4　查表程序设计

查表程序是一种常用程序,具有程序简单、执行速度快等优点。

所谓查表法,就是把实现计算或测得的数据按一定顺序编制成数据表,存放在计算机的程序存储器中,而查表程序的任务就是根据给定的条件或被测参数的值,从表中查出所需的结果。

查表指令(2 条)：MOVC A,@A+DPTR

                  MOVC A,@A+PC

注意：*内外存储器在逻辑上连续统一,传送单向,只读。*

1. 远程查表程序设计

MOVC A,@A+DPTR　　　;A←((A)+(DPTR))

一般 DPTR 放表的首地址,A 放所查数据在表中的偏移;查表范围为 64 KB 空间,称为远程查表。

例：设程序中的数据表格为 7010H：02H

                                  7011H：04H

                                  7012H：06H

                                  7013H：08H

执行程序：

1000H：MOV　　　　A,♯10H

1002H：PUSH　　　DPH

1004H：PUSH　　　DPL

1006H：MOV　　　　DPTR,♯7000H

1009H：MOVC　　　A,@A+DPTR;A ←(10H+7000H)

100AH：POP　　　　DPL

100CH：POP　　　　DPH

结果为：(A)=02H ,(PC)=100EH,(DPTR)=原值

2. 近程查表程序设计

MOVC A,@A+PC　　　　　　;A←((A) + (PC))

PC 的值为下条指令的地址，A 放所查数据相对 PC 值的偏移；查表范围最大为 256B 空间，称为近程查表。

例：设程序中的数据表格为 1010H：02H

1011H：04H

1012H：06H

1013H：08H

执行程序：

1000H：MOV　　　A，♯0DH

1002H：MOVC　　A，@A+PC　　；(A) ←(0DH+1003H)

1003H：MOV　　　R0，A　　　　；(R0)←(A)

结果为：(A)=02H，(R0)=02H，(PC)=1004H

2.2.5　C 语言选择语句

1. 基本 if 语句

基本 if 语句的格式如下：

if（表达式）

　　{

　　　　语句组；

　　}

if 语句执行过程：当"表达式"的结果为"真"时，执行其后的"语句组"，否则跳过该语句组，继续执行下面的语句（图 2-22）。

if 语句中的"表达式"通常为逻辑表达式或关系表达式，也可以是任何其他的表达式或类型数据，只要表达式的值非 0 即为"真"。在 if 语句中，"表达式"必须用括号()括起来。

例如以下语句都是合法的：

if(5){……}

if(x=6){……}

if(P1_0){……}

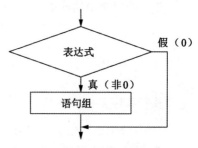

图 2-22　基本 if 语句执行图

在 if 语句中，花括号"{ }"里面的语句组如果只有一条语句，可以省略花括号。如"if(P3_0==0) P1_0=0；"语句。但是为了提高程序的可读性和防止程序书写错误，要求学生在任何情况下都加上花括号。

2. 基本 if-else 语句

if-else 语句的一般格式如下：

if（表达式）

　　{

```
        语句组 1;
    }
else
    {
        语句组 2;
    }
```

图 2-23　基本 if-else 语句执行图

if-else 语句执行过程：当"表达式"的结果为"真"时，执行其后的"语句组 1"，否则执行"语句组 2"(图 2-23)。

3. 基本 if-else-if 语句

if-else-if 语句是由 if-else 语句组成的嵌套，用来实现多个条件分支的选择(图 2-24)，其一般格式如下：

```
if(表达式 1)
  {
      语句组 1;
  }
else if(表达式 2)
    {
        语句组 2;
    }
    ...
else if(表达式 n)
    {
    语句组 n;
    }
else
    {
    语句组 n+1;
    }
```

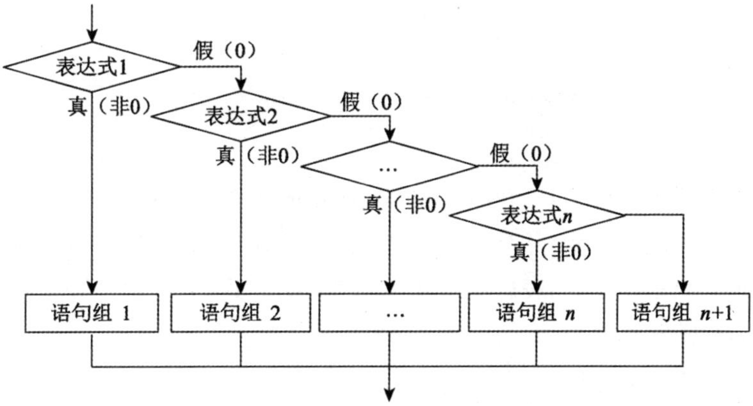

图 2-24　基本 if-else-if 语句执行图

4. 多分支选择的 switch 语句

多分支选择的 switch 语句，其一般格式如下：

```
switch(表达式)
{
        case 常量表达式 1：  语句组 1；break；
        case 常量表达式 2：  语句组 2；break；
        ……
        case 常量表达式 n：  语句组 n；break；
        default        ：语句组 n+1；
}
```

该语句的执行过程：首先计算表达式的值，并逐个与 case 后的常量表达式的值相比较，当表达式的值与某个常量表达式的值相等时，则执行对应该常量表达式后的语句组，再执行 break 语句，跳出 switch 语句的执行，继续执行下一条语句。如果表达式的值与所有 case 后的常量表达式均不相同，则执行 default 后的语句组。

2.2.6　C 语言循环语句

1. while 语句

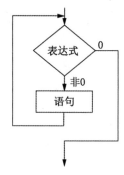

while 语句又称当型循环语句，其一般格式如下：

while(循环继续的条件表达式)｛语句块｝；

表达式是循环条件，语句块是循环体。

while 语句执行过程：首先判断表达式，当表达式的值为真(非 0)时反复执行循环体，为假(0)时执行循环体外面的语句(图 2-25)。

图 2-25　while 语句执行图

2. do ... while 语句

do ... while 语句一般格式如下：

do

｛

　　语句块；

｝　while（表达式）；

其中表达式是循环条件，语句块是循环体。

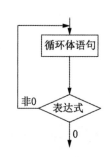

图 2-26　do ... while 语句执行图

do ... while 语句用来实现"直到型"循环执行过程：先无条件执行一次循环体，然后判断条件表达式，当表达式的值为真(非 0)时，返回执行循环体，直到条件表达式为假(0)为止(图 2-26)。

3. for 语句

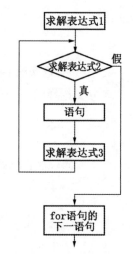

C 语言还提供 for 语句实现循环，而且 for 语句使用最为灵活，不仅可以用于循环次数已经确定的情况，还可以用于循环次数不确定而只给出循环结束条件的情况，它完全可以代替 while 语句。

for 语句的一般格式为：

for(循环变量赋初值；循环继续条件；循环变量增值)

｛

　　循环体语句组；

｝

for 语句的执行过程：先执行表达式 1，然后再计算表达式 2，若结果为真，则执行循环体，循环体执行完之后，再执行表达式 3，表达式 3 执行完后，又再计算表达式 2，就这样重复执行，直到循环

图 2-27　for 语句执行图

条件为假(图 2-27)。for 语句也属于当循环,与 while 语句的对应关系如下:

表达式 1;

While(表达式 2)

｛循环体

表达式 3;｝

训练技能

2.2.7　引导文(学生用)

学习领域	单片机小系统设计与制作						
项目	基于单片机小系统的灯光设计与制作						
工作任务	控制交通灯						
学时	6 课时						

任务描述:设计一个简单交通灯模拟控制系统,实现用 P1 口控制 12 个发光二极管,模拟一个简单十字路口交通灯的工作,东西与南北向的红、绿、黄灯各两个。

交通信号灯的显示状态:

东西方向	信号	绿灯亮	绿灯闪亮	黄灯亮	红灯亮		
	时间	25 s	3 次共 3 s	2 s	30 s		
南北方向	信号	红灯亮			绿灯亮	绿灯闪亮	黄灯亮
	时间	60 s			25 s	3 次共 3 s	2 s

学习目标:掌握单片机的存储器结构。

熟悉三种基本结构程序的编程方法及子程序的设计方法。

掌握汇编语言常用指令。

熟练掌握汇编语言程序设计的基本方法。

理解交通灯控制电路的构成、工作原理和电路中各器件的作用,并对电路进行分析和计算。

资讯阶段	将学生按 6 人一组分成若干个小组,确定小组负责人。 小组名称:　　小组负责人:　　小组成员: 1. 用 8051 单片机汇编语言进行程序设计的步骤是什么? 2. 常用的程序结构有哪几种? 特点如何? 3. 延时程序的书写规律及时间估算方法是怎样的? 4. 如何用 P1 口控制 12 个发光二极管? 有什么规律?			
计划、决策阶段	1. 每小组再按 2 人一组分成 3 个小分组。 2. 明确任务,并确定准备工作。 3. 小组讨论,进行合理分工,确定实施顺序。 请根据学时要求作出团队工作计划表。			
	分组号	成员	完成时间	责任人

107

（续表）

实施阶段	1. 根据控制要求用 Proteus 软件绘制电路原理图。 2. 用 Keil 软件编写、调试程序。 3. Proteus、Keil 联合仿真调试，达到控制要求。 4. 将调试无误后的程序下载到单片机中。 5. 根据原理图，在提供的电路万用板上合理地布置电路所需元器件，并进行元器件、引线的焊接。 6. 检查元器件的位置是否正确、合理，各焊点是否牢固可靠、外形美观，最后对整个单片机进行调试，检查是否符合任务要求。 7. 思考在工作过程中如何提高效率。 8. 对整个工作的完成情况进行记录。
检查阶段	1. 效果检查：各小组先自己检查控制效果是否符合要求。 2. 检验方法的检查：小组中一人对观测成果的记录、计算进行检查，其他人评价其操作的正确性及结果的准确性。 3. 资料检查：各小组上交前应先检查需要上交的资料是否齐全。 4. 小组互检：各小组将资料准备齐全后，交由其他小组进行检查，并请其他小组给出意见。 5. 教师检查：各小组资料及成果检查完毕后，最后由教师进行专项检查，并进行评价，填写评价记录。

评估阶段

一、评分办法和分值分配如下：

内　容	分值	扣分办法
1. 原理图绘制	20 分	每处错误扣 2 分
2. 程序设计	20 分	每处错误扣 2 分
3. 联合仿真	20 分	无效果扣 15 分，效果错误扣 10 分
4. 硬件制作	20 分	每错一项扣 5 分
5. 出勤状况	20 分	迟到 5 min 扣 5 分，迟到 1 h 扣 10 分， 2 h 扣 20 分，缺勤半天扣 20 分

注：
1. 每人必须在规定时间内完成任务。
2. 如超时完成任务，则每超过 10 min 扣减 5 分。
3. 小组完成后及时报请验收并清场。

二、进行考核评估

小组自评与互评成绩评定表

学生姓名_____　　教师_____　　班级_____　　学号_____

序号	考评项目	分值	考核办法	成员名单						
1	学习态度	20	出勤率、听课态度、实训表现等							
2	学习能力	20	回答问题、完成学生工作页质量							
3	操作能力	40	成果质量							
4	团结协作精神	20	以所在小组完成工作的质量、速度等进行评价							
自评与互评得分										

1）交通灯控制口线分配及控制状态表（表 2-2）

表 2-2　交通灯控制口线分配及控制状态表

P1.5	P1.4	P1.3	P1.2	P1.1	P1.0	P1 端口数据	状态说明
东西方向			南北方向				
红灯	黄灯	绿灯	红灯	黄灯	绿灯		
1	1	0	0	1	1	F3H	东西向通行,南北向禁行
1	1	0,1 交替	0	1	1	P1.3 交替	东西向警告,南北向禁行
1	0	1	0	1	1	EBH	东西向警告,南北向禁行
0	1	1	1	1	0	DEH	南北向通行,东西向禁行
0	1	1	1	1	0,1 交替	P1.0 交替	南北向警告,东西向禁行
0	1	1	1	0	1	DDH	南北向警告,东西向禁行

2）参考原理图（图 2-28）

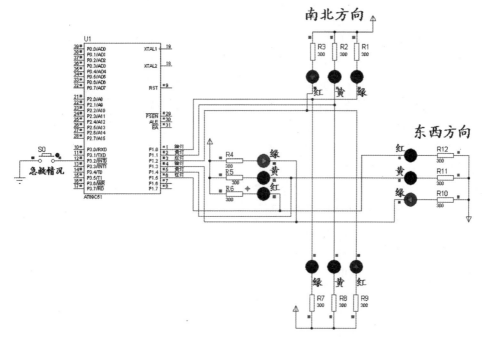

图 2-28　交通灯原理图

3）参考程序

汇编语言：　ORG　0000H

　　　　　　AJMP MAIN

　　　　　　ORG 0100H

　　　　MAIN：　MOV P1,♯0F3H　　　　　;东西向绿灯放行,南北向红灯禁止

　　　　　　MOV R2,♯32H　　　　　　　;置 0.5 s 循环次数

　　　　DISP1：　ACALL DELAY　　　　　　;延时 25 s

```
        DJNZ R2,DISP1                    ;25 s 不到继续循环
        MOV R2,#6                        ;东西向绿灯闪烁
    WARN1： CPL P1.3
        ACALL DELAY
        DJNZ R2,WARN1                    ;东西向绿灯亮灭闪烁 3 次
        MOV P1,#0EBH                     ;东西向黄灯警告,南北向红灯禁止
        MOV R2,#04H                      ;置 0.5 s 循环次数
    YEL1： ACALL DELAY
        DJNZ R2,YEL1                     ;延时 2 s
        MOV P1,#0DEH                     ;东西向红灯禁止,南北向绿灯放行
        MOV R2,#32H                      ;置 0.5 s 循环次数
    DISP2： ACALL DELAY
        DJNZ R2,DISP2                    ;延时 25 s
        MOV R2,#6                        ;南北向绿灯闪烁
    WARN2： CPL P1.0
        ACALL DELAY
        DJNZ R2,WARN2                    ;南北向绿灯亮灭闪烁 3 次
        MOV P1,#0DDH                     ;东西向红灯禁止,南北向黄灯警告
        MOV R2,#04H                      ;置 0.5 s 循环次数
    YEL2： ACALL DELAY
        DJNZ R2,YEL2                     ;延时 2 s
        AJMP MAIN                        ;循环显示
    ;------------------延时子程序 50 ms--------------------
    DELAY： MOV  R5,#50
    DEL3： MOV R6,#10
    DEL2： MOV R7,#250
    DEL1： NOP
           NOP
           DJNZ R7,DEL1
           DJNZ R6,DEL2
           DJNZ R5,DEL3
           RET
        END
```

C 语言：
```c
#include<stdio.h>
#include<reg52.h>
sbit P1_0=P1^0;
sbit P1_3=P1^3;
void delay(int i);          /* 延时函数声明 */
```

```
void main()                    /＊主函数＊/
{   int i;
P1＝0xf3;delay(50);            /＊东西绿灯亮、南北红灯亮 25 s＊/
for(i=1;i<=6;i++)             /＊东西绿灯闪烁 3 s、南北红灯亮＊/
{P1_3=! P1_3;delay(1);}
P1＝0xeb;delay(4);             /＊东西黄灯亮 2 s、南北红灯亮＊/
P1＝0xde;delay(50);            /＊南北绿灯亮、东西红灯亮 25 s＊/
for(i=1;i<=6;i++)             /＊南北绿灯闪烁 3 s、东西红灯亮＊/
{P1_0=! P1_0;delay(1);}
P1＝0xdd;delay(4);             /＊东西黄灯亮 2 s、南北红灯亮＊/
}
void delay(int i)              /＊时间可变的延时函数＊/
{ int x,y,n;
for(n=1;n<=i;n++)
 for(x=0;x<=165;x++)
  for(y=0;y<=500;y++);
}
```

4) 软件仿真效果图(图 2-29)

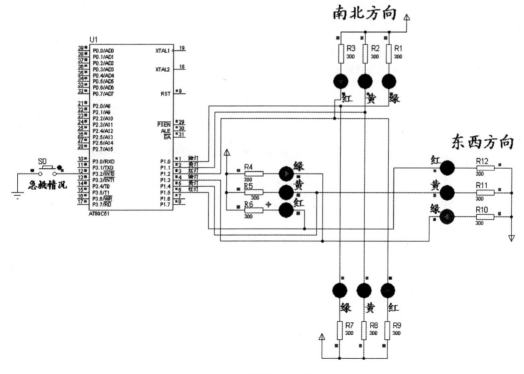

图 2-29　交通灯软件仿真效果图

111

5）硬件制作（图 2-30）

图 2-30　交通灯硬件实物制作

2.2.8　任务设计（老师用）

学习领域	单片机小系统设计与制作		
工作项目	基于单片机小系统的灯光设计与制作		
工作任务	控制交通灯	学时	6
学习目标	1. 掌握单片机的存储器结构。 2. 掌握单片机 4 个 I/O 端口的功能和使用方法。 3. 熟悉汇编语言常用指令。 4. 熟悉 C 语言几种基本语句。 5. 熟练掌握汇编语言程序设计的基本方法。 6. 熟练掌握 C 语言程序设计的基本方法。 7. 理解霓虹灯控制电路的构成、工作原理和电路中各器件的作用，并对电路进行分析和计算。		
工作任务描述	用单片机组成一个最小应用系统，利用 P1 口控制 8 个发光二极管，以实现霓虹灯的效果。		
学习任务设计	1. 设计、绘制霓虹灯的单片机控制系统原理图，编写调试程序，并联合仿真，实现控制要求。 2. 根据软件仿真结果，利用万用板制作霓虹灯的单片机控制系统实物。		
提交成果	1. 软件仿真效果（含原理图、程序）。 2. 制作硬件成品。 3. 自评与互评评分表。 4. 作业。		
学习内容	学习重点： 1. I/O 口的使用。 2. 指令系统。 3. Proteus、Keil 软件的使用。 4. 硬件制作工艺。 学习难点： 1. 指令系统。 2. Proteus、Keil 软件的使用。		

教学条件	1. 教学设备：单片机试验箱、计算机。 2. 学习资料：学习材料、软件使用说明、焊接工艺流程、视频资料。 3. 教学场地：一体化教室、一体化实训场。		
教学设计 与组织	一、咨询阶段 1. 教师展示交通灯效果，引导学生分解控制要求。（教师引导学生思考） 2. 讲解程序基本结构。（教师讲解，动画展示） 3. 讲解选择、循环、查表指令。（教师讲解与示范，学生模仿） 4. 讲解软件使用方法。（教师讲解与示范，学生模仿） 5. 讲解联合仿真。（教师讲解与示范，学生模仿） 6. 讲解硬件制作。（教师讲解与示范，学生模仿） 7. 安排工作任务。（6 名学生一组） 二、计划、决策阶段 1. 明确任务。 2. 小组讨论，分成 3 个小分组，进行分工协作安排。 三、实施阶段 1. 先根据控制要求绘制原理图。（学生操作，教师指导） 2. 按原理图编写调试程序，并联合仿真，根据控制效果调试程序或修改原理图。（学生操作，教师指导） 3. 下载程序到单片机，并进行硬件制作。（学生操作，教师指导） 四、检查阶段 各小组先自己检查控制效果是否符合要求，然后由小组之间互相检查，最后指导教师检查确认。（以学生自查为主、教师指导为辅） 五、评估阶段 1. 各小组选出一人陈述施测过程和成果，指导教师对实施过程和成果进行点评。 2. 根据个人自评、小组互评和教师评价进行综合成绩评定。		
考核标准 （100 分）	成果评定（50 分）	教师根据学生提交成果的准确性和完整性评定成绩，占 50%。	
	学生自评（10 分）	学生根据自己在任务实施过程中的作用及表现进行自评，占 10%。	
	小组互评（15 分）	根据工作表现、发挥的作用、协作精神等，小组成员互评，占 15%。	
	教师评价（25 分）	根据考勤、学习态度、吃苦精神、协作精神、职业道德等进行评定； 根据任务实施过程每个环节及结果进行评定； 根据实习报告质量进行评定。 综合以上评价，占 25%。	

2.2.9　工具、设备及材料

工具：电烙铁、吸锡器、镊子、剥线钳、尖嘴钳、斜口钳等。

设备：单片机试验箱、万用表、计算机等。

材料：AT89C51 单片机一块，相关电阻、电容一批，晶振一个，电路万用板一块，导线若干，焊锡丝，松香等。

2.2.10　成绩报告单（以小组为单位和以个人为单位）

序号	工作过程	主要内容	评分标准	分配	学生（自评）		教师	
					扣分	得分	扣分	得分
1	资讯（10分）	任务相关知识查找	查找相关知识,该任务知识掌握度达到60%,扣5分	10				
			查找相关知识,该任务知识掌握度达到80%,扣2分					
			查找相关知识,该任务知识掌握度达到90%,扣1分					
2	决策计划（10分）	确定方案编写计划	制定整体方案,实施过程中修改一次,扣2分	10				
3	实施（10分）	记录实施过程步骤	实施过程中,步骤记录不完整达到10%,扣2分	10				
			实施过程中,步骤记录不完整达到20%,扣3分					
			实施过程中,步骤记录不完整达到40%,扣5分					
4	检查评价（60分）	小组讨论	自我评述完成情况	5				
			小组效率	5				
		整理资料	设计规则和工艺要求的整理	5				
			参观了解学习资料的整理	5				
		设计制作过程	设计制作过程的记录	10				
			焊接工艺的学习	5				
			外围元器件的识别	5				
			程序下载工具的学习	5				
			工厂参观过程的记录	5				
			常见编译软件的学习	10				
5	职业规范团队合作（10分）	安全生产	安全文明操作规程	3				
		组织协调	团队协调与合作	3				
		交流与表达能力	用专业语言正确流利地简述任务成果	4				
		合计		100				
学生自评总结								

(续表)

教师评语			
学生 签字	年　月　日	教师 签字	年　月　日

2.2.11　思考与训练

1. 编写 8 只发光二极管间隔 1 s 左移的 C 语言程序。

2. 编写 8 只发光二极管间隔 0.5 s 右移的 C 语言程序。

3. 编写程序：

(1) 将 0～F 十六个数分别存放到外部数据存储单元 00H～0FH 中。

(2) 将外部存储单元 00H～0FH 中的十六个数分别传送到内部 RAM 的 30H～3FH 单元中。

4. 采用任务 1 的流水灯控制电路，编程实现 P1 端口连接的 8 个发光二极管如图 2-31 所示的显示顺序反复循环效果，要求采用查表指令。

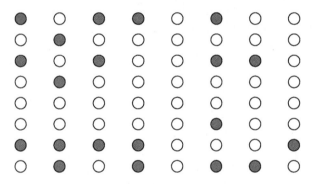

图 2-31　8 个流水灯显示效果图

5. 已知晶振频率为 6 MHz，设计延时程序，使 P1.0 输出 0.2 s 和 0.6 s 周期方波，并驱动 LED 发光二极管。每输出 3 个周期，频率交换。

6. 若 8051 的晶振频率为 6 MHz，试计算延时子程序的延时时间。

```
DELAY: MOV R7, #0F6H
LP:     MOV R6, #0FAH
        DJNZ R6, $
        DJNZ R7, LP
        RET
#include<regx51.h>
```

7. 针对仿真图分析如下程序的运行结果。

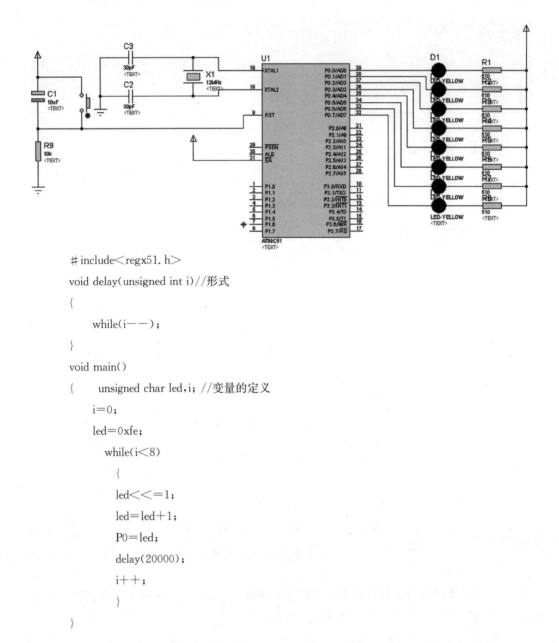

```
#include<regx51.h>
void delay(unsigned int i)//形式
{
    while(i——);
}
void main()
{    unsigned char led,i; //变量的定义
    i=0;
    led=0xfe;
    while(i<8)
      {
      led<<=1;
      led=led+1;
      P0=led;
      delay(20000);
      i++;
      }
}
```

项目 3

基于单片机小系统的数码管显示计数器的设计与制作

项目目标导读

思政目标

① 在数码管应用系统控制程序的设计过程中培养精益求精的工匠精神,体现职业自信心。

② 通过数码管应用系统电路的实现效果体会党和国家各项政策引领的重要性。

③ 激发对问题的好奇心,培养探索精神和科学思维。

④ 在电路制作和程序设计过程中要具有宽广的视野和战略性思维。

⑤ 能通过小组讨论活动提升团队合作能力和沟通能力。

⑥ 要有"真、善、美"的品格,小组同学之间要和谐沟通,协调合作。

⑦ 要按照《电气简图用图形符号 第 5 部分:半导体管和电子管》(GB/T 4728.5—2018)国家行业标准画电路仿真图并制作电路。

⑧ 对损坏的元器件、部件等要妥善处理,下课后还原实训室所有设备和工具,并保持实训室的卫生和整洁。

知识目标

① 掌握单片机驱动 LED 数码的显示方式及其优缺点。

② 掌握 LED 数码管静态显示程序的编写方法。

③ 掌握 LED 数码管动态显示程序的编写方法。

④ 通过 LED 数码管驱动电流的分析过程,引导学生思考如何快速掌握一个新的知识点。

⑤ 掌握单片机串口通信的基本概念和应用方法。

能力目标

① 会运用相关芯片设计 LED 数码管静态显示电路。

② 能够根据相关电路编写 LED 数码管静态显示程序。

③ 能运用相关芯片设计 LED 数码管动态显示电路。

④ 能够根据相关电路编写 LED 数码管动态显示程序。

⑤ 能够应用单片机串口通信做相关实例。

 方法切入

通过数码管应用系统的分析与设计,从简到繁实现学习目标,了解 LED 数码管静态显示和动态显示的具体应用。

任务 3.1 基于单片机小系统的数码管显示

3.1.1 任务书

学生学号		学生姓名		成绩	
任务名称	基于单片机小系统的数码管显示	学时		班级	
实训材料与设备	参阅 3.1.6 节	实训场地		日期	
任务	根据前面项目的基础,在单片机外围电路中加上 4 位数码管显示电路,并进行数码管的静态和动态显示。				
目标	1) 掌握单片机驱动 LED 数码管的显示方式及其优点和缺点。 2) 掌握 LED 数码管静态显示程序的编写。 3) 掌握 LDE 数码管动态显示程序的编写。 4) 分析 LED 数码管驱动电路,并进行思考。 5) 熟悉单片机系统的开发流程。 6) 培养学生良好的工程意识、职业道德和敬业精神。				
(一)资讯问题					
1) 数码管的共阴极和共阳极接法。 2) 数码管的驱动。 3) 数码管静态显示原理及编程。 4) 数码管的动态显示原理及编程。 5) 在不同应用系统中选择数码管的显示方式。					
(二)决策与计划					
决策: 1) 分组讨论,每三人一组,分析数码管显示的特点; 2) 查找资料,选择数码管和驱动电路; 3) 查找资料,分析单片机静态和动态显示; 4) 查找相应单片机芯片的下载软件; 5) 小组成员讲述任务方案。 计划: 1) 根据操作规程和任务方案,按步骤完成相关工作; 2) 列出完成该任务所需注意的事项;					

3) 确定工作任务需要使用的工具和相关资料,填写下表。

项目名称			
各工作流程	使用的工具	相关资料	备注

(三) 实施

1) 观察购回的四位一体的数码管,了解其外形及引脚。
2) 区分共阴极和共阳极数码管的检测。
3) 根据前述项目进行科学布线。
4) 焊接并调试电路。
5) 根据单片机应用系统的开发流程编写源程序并下载到自己制作的单片机中运行,观察效果。
6) 修改程序,下载后进一步观察运行效果。
7) 思考在工作过程中如何节约成本并提高工作效率。
8) 记录工作任务完成情况。

(四) 检查(评估)

检查:
1) 学生填写检查单。
2) 教师进行考核。
评估:
1) 小组讨论,形成自我评估材料。
2) 在全班评述完成情况和发生的问题及解决方案。
3) 全班同学共同评价每个小组该任务的完成情况。
4) 小组准备汇报材料,每组选派一人进行汇报。
5) 上交作品和任务实训报告。

引领知识

3.1.2　数码管的静态显示

1. 数码管的结构

单片机应用系统中最常用的 LED 数码管显示是 7 段 LED 数码管,通常的 7 段 LED 数码管中有 8 个发光二极管,所以也叫作八段显示器。若干个发光二极管构成了 LED 数码显示器的主要部分,当在发光二极管的两端加相应的电压使其导通时,与发光二极管对应的点或线发光。用这样的发光二极管来组成一定的图形,相应控制不同的发光二极管导通,就可以显示出不同的图形。其中 7 段 LED 数码管由 7 个发光二极管组成一个数字"8",1个发光二极管组成小数点。

LED 数码管从结构形式上又可分为共阴极数码管和共阳极数码管,它们的具体结构如图 3-1 所示。共阴极数码管是把所有 LED 数码管中发光二极管的阴极连接在一起,通常情况下把它们一起接地,然后通过控制加在每个发光二极管阳极上的电平来控制数码管的亮灭:当阳极为高电平时管亮,当阳极为低电平时管灭。共阳极数码管是把所有 LED 数码管中发光二极管的阳极连接在一起,通常情况下把它们一起接高电平,然后通过控制加在每个发光二极管阴极上的电平来控制数码管的亮灭:当阴极为低电平时管亮,当阴极为高电平时管灭。

LED 数码管有亮度不同之分,也有 0.5 英寸(1 英寸=2.54 厘米)、1 英寸等不同尺寸之分。小尺寸数码管的某一段常用一个发光二极管组成,而大尺寸数码管则由两个或多个发光二极管组成。一般情况下,单个发光二极管的管压降为 1.8 V 左右,电流不超过 30 mA。

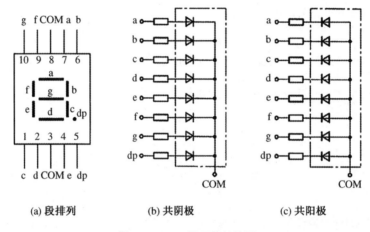

(a) 段排列　　　　　　(b) 共阴极　　　　　　(c) 共阳极

图 3-1　LED 数码管结构图

可以看到图中每个发光二极管都连接一个电阻,这些电阻并不是数码管内部的电阻,而是数码管工作时在其外部需要连接的限流电阻。如果不在各发光二极管外部串联限流电阻,电流过大可能会导致发光二极管被烧毁。

2. 数码管的测量

使用数码管时,首先要识别其是共阴极型的还是共阳极型的,这可以通过测量它的管脚来确定。用一个 3~5 V 的电源和一个 1 kΩ(或几百欧)的电阻,电源的正极串联电阻后与数码管的公共端相连,电源的负极与其他各脚相连,如果数码管相应的段发光,则说明此数码管为共阳极。用电源的负极与数码管的公共端相连,电源的正极串联电阻后与其他各脚相连,如果数码管相应的段发光,则说明此数码管为共阴极。还可以直接用数字万用表测试,方法同测试普通半导体二极管一样。红表笔接数码管的公共端,黑表笔分别接其他各脚,如果数码管相应的段发光,则说明此数码管为共阳极。黑表笔接数码管的公共端,红表笔接其他各脚,如果数码管相应的段发光,则说明此数码管为共阴极。红表笔是电源的正极,黑表笔是电源的负极。

3. 数码管的字形编码

要使数码管显示出相应的数字或字符,必须使段数据口输出相应的字形编码。对照图 3-1(a),字形编码各位定义如下:

数据线 D0 与 a 字段对应,数据线 D1 与 b 字段对应,依此类推。如使用共阳极数码管,数据为 0 表示对应字段亮,数据为 1 表示对应字段暗;如使用共阴极数码管,数据为 0 表示对应字段暗,数据为 1 表示对应字段亮。如要显示"0",共阳极数码管的字形编码应为 11000000B(即 C0H);共阴极数码管的字形编码应为 0011 1111B(即 3FH)。数码管字形编码见表 3-1。

表 3-1　LED 数码管编码表

显示字符	字形	共阳极									共阴极								
		dp	g	f	e	d	c	b	a	字形码	dp	g	f	e	d	c	b	a	字形码
0	0	1	1	0	0	0	0	0	0	C0H	0	0	1	1	1	1	1	1	3FH
1	1	1	1	1	1	1	0	0	1	F9H	0	0	0	0	0	1	1	0	06H
2	2	1	0	1	0	0	1	0	0	A4H	0	1	0	1	1	0	1	1	5BH
3	3	1	0	1	1	0	0	0	0	B0H	0	1	0	0	1	1	1	1	4FH
4	4	1	0	0	1	1	0	0	1	99H	0	1	1	0	0	1	1	0	66H
5	5	1	0	0	1	0	0	1	0	92H	0	1	1	0	1	1	0	1	6DH
6	6	1	0	0	0	0	0	1	0	82H	0	1	1	1	1	1	0	1	7DH
7	7	1	1	1	1	1	0	0	0	F8H	0	0	0	0	0	1	1	1	07H
8	8	1	0	0	0	0	0	0	0	80H	0	1	1	1	1	1	1	1	7FH
9	9	1	0	0	1	0	0	0	0	90H	0	1	1	0	1	1	1	1	6FH
A	A	1	0	0	0	1	0	0	0	88H	0	1	1	1	0	1	1	1	77H
B	B	1	0	0	0	0	0	1	1	83H	0	1	1	1	1	1	0	0	7CH
C	C	1	1	0	0	0	1	1	0	C6H	0	0	1	1	1	0	0	1	39H
D	D	1	0	1	0	0	0	0	1	A1H	0	1	0	1	1	1	1	0	5EH
E	E	1	0	0	0	0	1	1	0	86H	0	1	1	1	1	0	0	1	79H
F	F	1	0	0	0	1	1	1	0	8EH	0	1	1	1	0	0	0	1	71H
H	H	1	0	0	0	1	0	0	1	89H	0	1	1	1	0	1	1	0	76H
L	L	1	1	0	0	0	1	1	1	C7H	0	0	1	1	1	0	0	0	38H
P	P	1	0	0	0	1	1	0	0	8CH	0	1	1	1	0	0	1	1	73H
R	R	1	1	0	0	1	1	1	0	CEH	0	0	1	1	0	0	0	1	31H
U	U	1	1	0	0	0	0	0	1	C1H	0	0	1	1	1	1	1	0	3EH
Y	Y	1	0	0	1	0	0	0	1	91H	0	1	1	0	1	1	1	0	6EH
—	—	1	0	1	1	1	1	1	1	BFH	0	1	0	0	0	0	0	0	40H
.	.	0	1	1	1	1	1	1	1	7FH	1	0	0	0	0	0	0	0	80H
熄灭	熄灭	1	1	1	1	1	1	1	1	FFH	0	0	0	0	0	0	0	0	00H

在实际应用系统中,很少只用一个数码管进行显示,大多由几个数码管组成一个显示单元。n 位 LED 数码管组成的显示单元如图 3-2 所示。

I/O端口段选控制

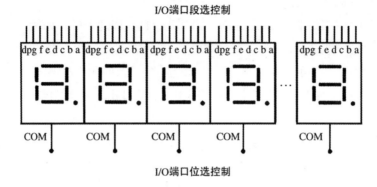

I/O端口位选控制

图 3-2 n 位 LED 数码管组成的显示单元

从图中可以看出 n 位 LED 显示单元的构成原理,n 位 LED 显示单元有 n 根位选线和 $8 \times n$ 根段选线。根据显示方式的不同,位选线与段选线的连接方法也不同。位选线控制具体某一位 LED 数码管的选择,段选线控制 LED 数码管中某个具体发光二极管显示的亮或灭。

静态显示方式 LED 显示器工作在静态显示方式下,共阴极点或共阳极点连接在一起接地或高电平($+5$ V)。每位的段选线(a~dp)与一个 8 位并行口相连。如图 3-3 所示,该图表示了一个 4 位静态 LED 显示器电路。该电路每一位可独立显示,只要在该位的段选线上保持相应的电平,该位就能保持相应的字符为显示状态。由于每一位由一个 8 位输出口控制段选码,故在同一时间里,每一位显示的字符可以各不相同。

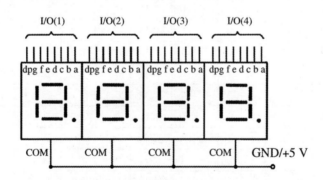

图 3-3 4 位静态 LED 显示器电路

当所有 COM 端连接在一起并接地时,首先由 I/O(1)送出数字 3 的段选码 4FH(即数据 01001111)到左边第一个 LED 数码管的段选线上,阳极接收到高电平"1",数码管 g、d、c、b、a 段因为有电流流过而被点亮,结果是左边第一个 LED 数码管显示 3;接着由 I/O(2)送出数字 4 的段选码 66H(即数据 01100110)到左边第二个 LED 数码管的段选线上,阳极接收到高电平"1",共阴极数码管 g、f、c、b 段则被点亮,结果是左边第二个 LED 数码管显示 4;同理,由 I/O(3)送出数字 5 的段选码 6DH(即数据 01101101)到左边第三个 LED 数码管的段选线上,由 I/O(4)送出数字 6 的段选码 7DH(即数据 01111101)到左边第四个 LED 数码管的段选线上,则第三、第四个 LED 数码管分别显示 5、6。

　　静态显示方式的关键是多个 LED 数码管需要与多个 I/O 并行口相连。一般的并行 I/O 口如 8255A 或锁存器只具备锁存功能。为了能够用于数码管的连接,还需要配合有硬件驱动电路和软件译码程序,所以在现在的数码管电路中很少用到。目前广泛使用的是集锁存、译码、驱动功能于一体的集成电路芯片,以此构成静态显示硬件译码接口电路。如美国 RCA 公司的 CD4511B 是 4 位 BCD 码-7 段十进制锁存译码驱动器,美国 Motorola 公司的 MC14495 是 4 位 BCD 码-7 段十六进制锁存译码驱动器。下面以 CD4511B 为例说明其接口电路的原理,如图 3-4 所示。

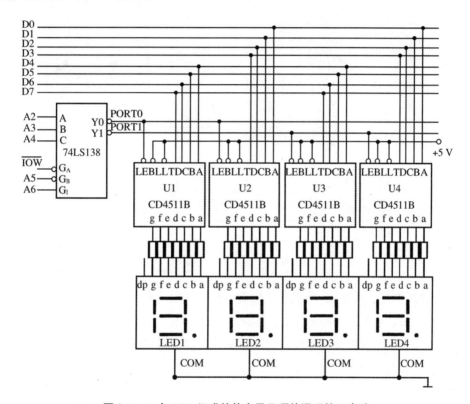

图 3-4　4 个 LED 组成的静态显示硬件译码接口电路

　　图 3-4 为 4 个 LED 组成的静态显示硬件译码接口电路,是在 LED 静态显示方式的基础上,增加 4 片集 BCD 码锁存、译码和驱动功能于一体的 CD4511B(U1~U4)与 1 片译码器 74LS138,它能够直接显示出 4 位十进制数。图中 4 片 CD4511B 分别对应连接 4 片 7 段共阴极 LED 数码管,74LS138 译码器译出片选信号 PORT0、PORT1,分别作为 U1 与 U2 和 U3 与 U4 的锁存允许信号。CPU 通过输出指令把要显示字符的 BCD 码数据通过数据总线 D7~D0 输出到 U1~U4 的数据输入端 D、C、B、A,其中每两片(U1 和 U2,U3 和 U4)共用一个字节及一个片选信号。若要显示带小数点的十进制数,则在 LED 显示器的 dp 端另加驱动控制即可。

4. 静态显示计数器

在单片机的 P0 和 P2 口分别接有两个共阴极数码管,P0 口驱动显示秒时间的十位,而 P2 口驱动显示秒时间的个位,2 位计数器电路如图 3-5 所示。显然这种电路连接利用数码管的静态显示方式。

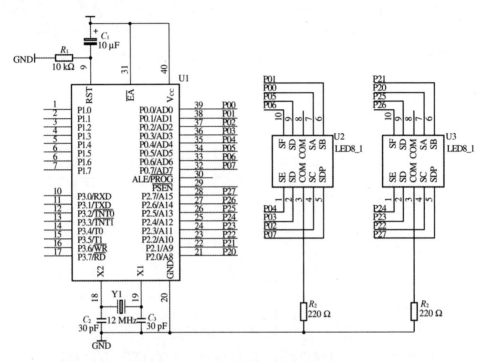

图 3-5　2 位秒表电路

对于计数器单元中的数据,要把它十位上的数和个位上的数分开,可采用对 10 整除和对 10 求余的方法。在数码上显示,通过查表的方式完成。如果每间隔 1 s 时间计一个数,1 s 的产生在这里采用软件精确延时的方法来完成。经过精确计算得到 1 s 时间为 1.002 s。需要注意的是,此电路采用的是频率为 12 MHz 的晶振。

参考程序如下:

```
#include<reg51.h>
unsigned char code table[]={0xc0,0xf9,0xa4,0xb0,0x99,0x92,0x82,0xf8,0x80,0xf8};
unsigned char second;
void delayls()
    {
    unsigned char i,j,k;
    for(k=100;k>0;k--)
            for(i=20;i>0;i--)
                    for(j=248;j>0;j--);
```

```
}
void main()
{
second=0;
P0=table[second%10];
P2=table[second/10];
while(1)
{
delayls();
second++;
if(second==60)
{
second=0;
}
P0=table[second%10];
P2=table[second/10];
}
}
```

仿真图如图 3-6。

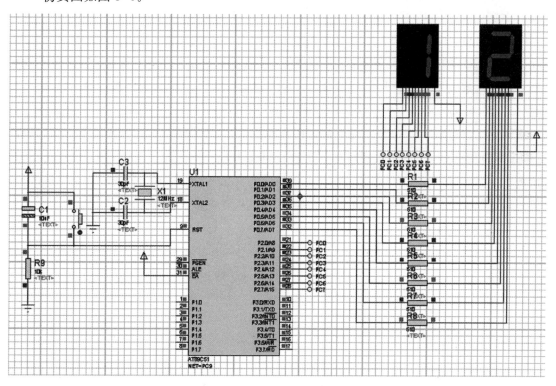

图 3-6　2 位秒表仿真电路图

3.1.3 数码管的动态显示

1. 4 位 LED 动态显示

在多位 LED 显示时,为了简化电路、降低成本,将所有位的段选码并联在一起,由一个 8 位 I/O 端口控制,而共阴极点或共阳极点分别由相应的 I/O 端口线控制。如图 3-7 所示为一个 4 位 LED 动态显示器电路。

4 位 LED 动态显示电路只需要两个 8 位 I/O 端口,其中一个控制段选码,另一个控制位选码。由于所有位的段选码皆由一个 I/O 端口控制,因此,在每个时

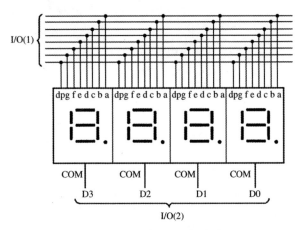

图 3-7 4 位 LED 动态显示器电路图

刻,4 位 LED 只能显示相同的字符。要想每位显示不同的字符,必须采用扫描方式,即在每一个时刻只使某一位显示相应字符。在此刻,段选控制 I/O 端口输出相应字符段选码,位选控制 I/O 端口输出该位选通电平(共阴极为低电平,共阳极为高电平)。如此轮流,使每位显示该位应显示的字符,并保持一段时间,通过视觉暂留效果,获得视觉稳定的显示状态。

采用共阴极的数码管显示,首先由 P2 口送出数字 3 的段选码 4FH(01001111B)到 4 个 LED 共同的段选线上,接着由 P0 口送出位选码×7H(即数据×××0111)到位选线上,其中数据的高 4 位为无效的×,只有送入左边第一个 LED 的 COM 端 D3 为低电平"0",因此只有该 LED 的数码管因阳极接收到高电平"1"的 g、d、c、b、a 段有电流流过而被点亮,也就是显示出数字 3,而其余 3 个 LED 因其 COM 端均为高电平"1"而无法被点亮。显示一定时间后,再由 I/O(1)送出数字 4 的段选码 66H(即数据 01100110)到段选线上,接着由 P2 口送出点亮左边第二个 LED 的位选码×BH(即数据×××1011)到位选线上,此时只有该 LED 的发光管因阳极接收到高电平"1"的 g、f、c、b 段有电流流过而被点亮,也就是显示出数字 4,而其余 3 位 LED 不亮。如此再依次送出第三个、第四个 LED 的段选与位选的扫描代码,就能依次分别点亮各个 LED,使 4 个 LED 从左至右依次显示 3、4、5、6。

4 位数码管动态显示程序如下:

```
#include<AT89X52.h>
unsigned char code wei[]={0xf7,0xfb,0xfd,0x0e};  //定义共阴极数码管位选码
unsigned char code table[]={0x4f,0x66,0x6d,0x7d};// 定义共阴极数码管显示 3、4、5、6 的段码
 void delay(unsigned int ms)
   { unsigned int i,j;
     for(i=0;i<125;i++)
       for(j=0;j<ms;j++);
```

```
    } //延时函数
void main( )
{
    while(1)
    {
        unsigned char i;
        for(i=0;i<4;i++)
        {P2=table[i];//段选码
        P0=wei[i];   //位选码
        delay(50);}
    }
} //主函数
```

4 位数码管动态显示仿真图如图 3-8 所示。

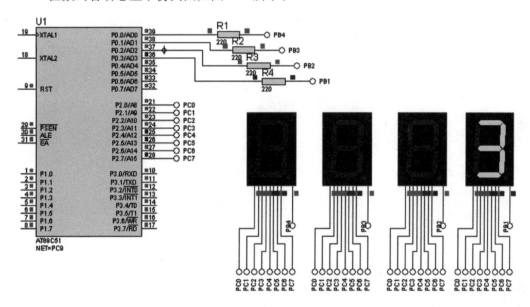

图 3-8   4 位数码管动态显示仿真图

2. 动态显示方式的计数器

下面用动态显示的方式来实现秒表的功能。用两位 LED 数码管显示"计数",显示计数
为 00~99,假设每秒自动加 1。数码管采用共阳极的,其中数码管的公共端连接在 P0.0 和
P0.1 上,数码管的各段连接在 P2 口。

参考程序如下:

```
#include <reg51.h>
unsigned char code table[]={0xc0,0xf9,0xa4,0xb0,0x99,0x92,0x82,0xf8,0x80,0x90};
unsigned char count;//定义计数变量
void delay(unsigned int ms)
    {
```

```
unsigned int i,j;
        for(i=0;i<ms;i++)
            for(j=0;j<125;j++);
}//延时函数
void delayls()
    {
    unsigned char i,j,k;
    for(k=100;k>0;k--)
            for(i=20;i>0;i--)
                for(j=248;j>0;j--);
}//延时 1 s 函数
    void main()
    {
    count=0;
    while(1)
    {
    delayls();
    count++;
    P2=table[count/10];//十位数码管显示十位数字
    P0=0x02;
    delay(60);
    P2=table[count%10]; //个位数码管显示个位数字
    P0=0x01;
    delay(60);
    }
    }
```

数码管动态显示计数器仿真图如图 3-9 所示。

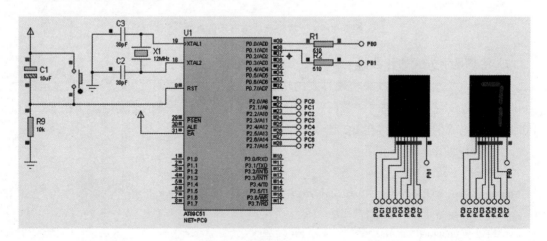

图 3-9

项目训练

3.1.4　引导文(学生用)

学习领域	单片机小系统设计与制作
项目	基于单片机小系统的数码管显示计数器的设计与制作
工作任务	基于单片机小系统的数码管显示
学　时	

任务描述:在前面项目的基础上,在单片机外围电路中加上 4 位数码管显示电路,并进行数码管的静态和动态显示。

学习目标:了解常用单片机的种类,识别单片机型号。
　　　　　掌握单片机最小系统的构成。
　　　　　熟悉单片机系统的开发流程。
　　　　　培养学生良好的工程意识、职业道德和敬业精神。

资讯阶段	将学生按 6 人一组分成若干个小组,确定小组负责人。 小组名称:　　　小组负责人:　　　小组成员: 1. 简述单片机的发展概况和趋势。 2. 简述常用 MCS-51 单片机的种类和基本性能。 3. 简述单片机的数制、码制及编码。 4. 简述 MCS-51 单片机常用引脚和功能。 5. 什么是最小系统,由哪几部分构成?

计划、 决策阶段	1. 每小组再按 2 人一组分成 3 个小分组。 2. 明确任务,并确定准备工作。 3. 小组讨论,进行合理分工,确定实施顺序。 请根据学时要求作出团队工作计划表:

分组号	成员	完成时间	责任人

实施阶段	1. 根据提供的单片机及其外围元器件实物,了解单片机及其外围元器件的外形特点。 2. 区分不同类型的单片机,认知其性能参数、结构及应用差异。 3. 查找资料,确定单片机最小系统的构成。 4. 查找资料,了解单片机应用系统的开发过程。 5. 思考在工作过程中如何提高效率。 6. 对整个工作的完成情况进行记录。

检查阶段	1. 效果检查:各小组先自己检查控制效果是否符合要求。 2. 检验方法的检查:小组中一人对观测成果的记录、计算进行检查,其他人评价其操作的正确性及结果的准确性。

（续表）

检查阶段	3. 资料检查：各小组上交前应先检查需要上交的资料是否齐全。 4. 小组互检：各小组将资料准备齐全后，交由其他小组进行检查，并请其他小组给出意见。 5. 教师检查：各小组资料及成果检查完毕后，最后由教师进行专项检查，并进行评价，填写评价记录。
评估阶段	一、评分办法和分值分配如下： 表格见下

内　容	分值	扣分办法
1. 原理图绘制	20 分	每处错误扣 2 分
2. 程序设计	20 分	每处错误扣 2 分
3. 联合仿真	20 分	无效果扣 15 分，效果错误扣 10 分
4. 硬件制作	20 分	每错一项扣 5 分
5. 出勤状况	20 分	迟到 5 min 扣 5 分，迟到 1 h 扣 10 分，2 h 扣 20 分，缺勤半天扣 20 分

注：
1. 每人必须在规定时间内完成任务。
2. 如超时完成任务，则每超过 10 min 扣减 5 分。
3. 小组完成后及时报请验收并清场。

二、进行考核评估

小组自评与互评成绩评定表

学生姓名＿＿＿＿＿　教师＿＿＿＿＿　班级＿＿＿＿＿　学号＿＿＿＿＿

序号	考评项目	分值	考核办法	成员名单					
1	学习态度	20	出勤率、听课态度、实训表现等						
2	学习能力	20	回答问题、完成学生工作的质量						
3	操作能力	40	成果质量						
4	团结协作精神	20	以所在小组完成工作的质量、速度等进行评价						
自评与互评得分									

　　这里以单个 0.5 寸共阳极数码管静态显示为例，描述如何用单个共阴极数码管来进行静态显示，具体操作过程如下：

1. 元器件的准备

　　准备好之前章节所做的最小系统，除此之外再准备 8 个阻值为 510 Ω 的电阻、一个 0.5

寸共阳极数码管、一个按键和一个阻值为 4.7 kΩ 的上拉电阻。

2. 硬件电路

如图 3-10 所示为 1 位共阳极数码管静态显示的典型连接。图中没有用到 P0 口，如果用到 P0 口作为通用 I/O 端口使用，一定要在 P0 口接上拉电阻，才能保证数据传输的准确性。

在 1 位静态数码管显示电路的基础上，制作 4 位或动态显示数码管电路。

3. 程序设计

1) 显示特定的数字或字符

按照图 3-10 进行电路连接后，通过赋值给 P1，让数码管显示特定的数字或字符。

参考程序如下：

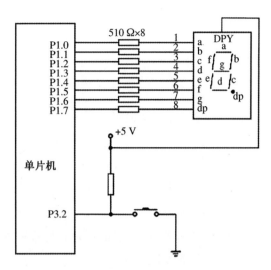

图 3-10　1 位静态数码管

```
#include<AT89X52.h>          //包含头文件,头文件包含特殊功能寄存器的定义
void    main( )
  {
  P1=0xc0;                    //二进制为 11000000。参考数码管排列,可以得出 0 对应的段点
                              亮,1 对应的段点熄灭,结果显示数字 0
          while(1)
{
}
}
```

2) 显示变化的数字

按照图 3-10 进行电路连接后，通过循环赋值给 P1，让数码管显示变化的数字。

参考程序如下：

```
#include<AT89X52.h>          //包含头文件,头文件包含特殊功能寄存器的定义
unsigned char code    table [10]={ 0xc0, 0xf9,0xa4,0xb0,0x99,0x92,0x82,0xf8, 0x80, 0x90 };
                              //显示数值表 0~9
    void Delay(unsigned int t);
    void    main( )
      {
      unsigned char i;        //定义一个无符号字符型局部变量i,其取值范围为 0~255
          while(1)            //主循环
{
  for (i=0;i<10;i++)          //加入 for 循环,表明 for 循环大括号中的程序循环执行 10 次
```

```
{
P1＝table[i];                  //循环调用表中的数值
Delay(60000);                 //延时,方便观察数字变化
}
}
}
   void Delay(unsigned int t)
   {
      while(－－t);
   }
```

3) 模拟流水

按照图 3-11 进行电路连接后,通过循环赋值给 P1,让数码管显示特定的流动样式:
参考程序如下:

```
＃include＜AT89X52.h＞          //包含头文件,头文件包含特殊功能寄存器的定义
void Delay(unsigned int t);
void   main( )
   {   unsigned char i;           //定义一个无符号字符型局部变量 i,其取值范围为 0～255
         while(1)                //主循环
{
P1＝0xfe;
   for (i＝0;i＜6;i＋＋)        //加入 for 循环,表明 for 循环大括号中的程序循环执行 6 次
Delay(10000);
      P1＜＜＝1;
      P1|＝0x01;
         }
      }
   }
   void Delay(unsigned int t)
   while(－－t);
   }
```

4) 指示逻辑电平

循环检测 P3.2 引脚电平输入值,然后用数码管输出"H"或"L",表示该引脚现在连接的是高电平还是低电平。

参考程序如下:

```
＃include＜AT89X52·h＞          //包含头文件,头文件包含特殊功能寄存器的定义
sbit IO_IN＝P3^2;              //定义 I/O 信号输入端
```

```
void main()

{

while(1)                        //主循环

{

if(IO_IN==1)                    //如果引脚检测到 1 表示高电平

Pl=0x89;                        //"H"

else

    P1=Oxc7;                    //"L",否则表示低电平,这里使用条件语句 if...else...

  }

}
```

5) 显示对应键值

把图 3-10 中 P3 口除了 P3.2 的其余位也都接上按键,那么通过循环检测 P3 口按键输入值,就可以用数码管输出,没有按键按下时原值不变。

参考程序如下:

```
#include<AT89x52.h>            //包含头文件,头文件包含特殊功能寄存器的定义
Unsigned charcode table[10]={0xc0,0xf9,0xa4,0xb0,0x99,0x92,0x82,0xf8,0x80, 0x90};
                              //显示数值表 0~9
void main()

{

while(1)                      //主循环

{

switch(P3)                    //P3 口作为独立按键输入端,检测端口电平并作如下判断

{

    case 0xfe:P1=table[1];break;  //0xfe = 11111110,说明连接在 P3.0 引脚的按键被按下,显示对应
                                  的数字,然后跳出循环

    case 0xfd: P1= table [2];break;
                              //调用表中的第三个元素 0xa4,table[0],表示数组中的第一个元素

    case 0xfb: P1= table [3];break;

    case 0xf7: P1= table [4];break;

    case 0xef: P1=table[5];break;

    case 0xdf: P1=table [6];break;

    case 0xbf: P1=table [7];break;

    case 0x7f: P1=table [8];break;

      default: break;             //如果都没按下,直接跳出

  }

  }

}
```

3.1.5 任务设计（老师用）

学习领域	单片机小系统设计与制作		
工作项目	基于单片机小系统的数码管显示计数器的设计与制作		
工作任务	基于单片机小系统的数码管显示	学时	
学习目标	1. 掌握单片机驱动 LED 数码管的显示方式及其优点和缺点。 2. 掌握 LED 数码管静态显示程序的编写。 3. 掌握 LDE 数码管动态显示程序的编写。 4. 分析 LED 数码管驱动电路，并进行思考。 5. 熟悉单片机系统的开发流程。 6. 培养学生良好的工程意识、职业道德和敬业精神。		
工作任务描述	在前面项目的基础上，在单片机外围电路中加上 4 位数码管显示电路，并进行数码管的静态和动态显示。		
学习任务设计	1. 单片机控制数码管静态显示。 2. 单片机控制数码管动态显示。		
提交成果	1. 自评与互评评分表。 2. 作业。		
学习内容	学习重点： 1. 数码管显示。 2. 用单片机控制数码管显示。 学习难点： 1. 数码管动态显示。 2. 电路制作。		
教学条件	1. 教学设备：单片机试验箱、计算机。 2. 学习资料：学习材料、软件使用说明、焊接工艺流程、视频资料。 3. 教学场地：一体化教室、一体化实训场。		
教学设计 与组织	一、咨询阶段 1. 数码管的共阴极和共阳极接法。（教师引导学生思考） 2. 数码管的驱动。（教师讲解，动画展示） 3. 数码管的静态显示原理及编程。（教师讲解与示范，学生模仿） 4. 数码管的动态显示原理及编程。（教师讲解与示范，学生模仿） 5. 如何在不同应用系统中选择数码管的显示方式。（教师讲解，动画展示） 6. 安排工作任务。 二、计划、决策阶段 1. 明确任务。 2. 小组讨论，分成 3 个小分组，进行分工协作安排。 三、实施阶段 1. 根据购回的四位一体的数码管，了解其外形及引脚。 2. 区分共阴极和共阳极数码管的检测。 3. 根据前述项目进行科学布线。 4. 焊接并调试电路。 5. 根据单片机应用系统的开发流程编写源程序并下载到自己制作的单片机中运行，观察效果。		

教学设计 与组织	6. 修改程序,下载后进一步观察运行效果。 7. 思考在工作过程中如何节约成本并提高工作效率。 8. 记录工作任务完成情况。 四、检查阶段 各小组先自己检查控制效果是否符合要求,然后由小组之间互相检查,最后指导教师检查确认。（以学生自查为主、教师指导为辅） 五、评估阶段 1. 各小组选出一人陈述施测过程和成果,指导教师对实施过程和成果进行点评。 2. 根据个人自评、小组互评和教师评价进行综合成绩评定。	
考核标准 （100分）	成果评定（50分）	教师根据学生提交成果的准确性和完整性评定成绩,占50%。
	学生自评（10分）	学生根据自己在任务实施过程中的作用及表现进行自评,占10%。
	小组互评（15分）	根据工作表现、发挥的作用、协作精神等,小组成员互评,占15%。
	教师评价（25分）	根据考勤、学习态度、吃苦精神、协作精神、职业道德等进行评定； 根据任务实施过程每个环节及结果进行评定； 根据实习报告质量进行评定。 综合以上评价,占25%。

3.1.6　工具、设计及材料

工具：电烙铁、吸锡器、镊子、剥线钳、尖嘴钳、斜口钳等。

设备：单片机试验箱、万用表、计算机等。

材料：AT89C51单片机一块,相关电阻、电容一批,晶振一个,电路万用板一块,导线若干,焊锡丝,松香等。

3.1.7　成绩报告单（以小组为单位和以个人为单位）

序号	工作过程	主要内容	评分标准	分配	学生（自评）		教师	
					扣分	得分	扣分	得分
1	资讯 （10分）	任务相关 知识查找	查找相关知识,该任务知识掌握度 达到60%,扣5分	10				
			查找相关知识,该任务知识掌握度 达到80%,扣2分					
			查找相关知识,该任务知识掌握度 达到90%,扣1分					
2	决策计划 （10分）	确定方案 编写计划	制定整体方案,实施过程中 修改一次,扣2分	10				
3	实施 （10分）	记录实施 过程步骤	实施过程中,步骤记录不完整 达到10%,扣2分	10				
			实施过程中,步骤记录不完整 达到20%,扣3分					
			实施过程中,步骤记录不完整 达到40%,扣5分					

(续表)

序号	工作过程	主要内容	评分标准	分配	学生（自评）		教师	
					扣分	得分	扣分	得分
4	检查评价（60分）	小组讨论	自我评述完成情况	5				
			小组效率	5				
		整理资料	设计规则和工艺要求的整理	5				
			参观了解学习资料的整理	5				
		设计制作过程	设计制作过程的记录	10				
			焊接工艺的学习	5				
			外围元器件的识别	5				
			程序下载工具的学习	5				
			工厂参观过程的记录	5				
			常见编译软件的学习	10				
5	职业规范团队合作（10分）	安全生产	安全文明操作规程	3				
		组织协调	团队协调与合作	3				
		交流与表达能力	用专业语言正确流利地简述任务成果	4				
		合计		100				

学生自评总结	
教师评语	

学生签字		年　月　日	教师签字		年　月　日

3.1.8　思考与训练

一、填空题

1. 数码管的英文缩写是_____。

2. 一般的数码管根据公共端的不同分为_____和_____两种。

3. 单片机应用系统中常用的显示部件有_____和_____两种。

4. 一般情况下，把 LED 数码管叫作_____段 LED 数码管。

5. 单个数码管由_____个发光二极管组成一个数字、_____个发光二极管组成小数点。

二、选择题

1. 共阴极数码管字形"0"的十六进制字形码是( )。

A. 3FH B. 2FH C. 1FH D. 0FH

2. 共阳极数码管字形"7"的十六进制字形码是( )。

A. F7H B. F8H C. F9H D. FAH

3. 下面哪个字符用一位 7 段数码不能显示？( )

A. 2 B. 3 C. C D. K

4. 数码管中单个发光二极管的管压降一般为( )。

A. 1.7 V B. 1.8 V C. 1.9 V D. 2 V

5. I^2C 总线是( )。

A. 并行总线 B. CAN 总线 C. USB 总线 D. 串行总线

三、简答题

1. 如何对数码管进行测量？

2. 简述数码管如何进行字形编码。

3. 试编写程序实现 0、2、4、6 和 8 的循环显示。

4. 编写程序实现每按下一次按键所显示的数加 1，并且数在 0～9 之间循环。

5. 试设计一个电路，实现三位数码管显示，并且编写程序实现 0～999 的循环显示。

任务 3.2　串行通信控制数码管显示

3.2.1　任务书

学生学号		学生姓名		成绩	
任务名称	单片机串行通信控制数码管显示	学时		班级	
实训材料与设备	参阅 3.2.6 节	实训场地		日期	
任务	在前面项目的基础上，用 STC 单片机的串口通信实现对 LED 数码管的控制，用作串行通信方式 0 和移位寄存器。要求 LED 数码管能以 1 s 的时间间隔轮流显示数字 1～3。				
目标	1) 掌握串行通信的结构。 2) 掌握串行通信的工作方式。 3) 熟悉单片机串行口的基本应用。 4) 学会单片机串行通信程序的编写。 5) 熟悉单片机系统的开发流程。 6) 培养学生良好的工程意识、职业道德和敬业精神。				

（一）资讯问题
1）串行通信和并行通信。 2）串行口控制寄存器（SCON）。 3）串行通信各种工作方式。 4）串行通信实现控制的基本方法。 5）如何使用移位寄存器。 6）程序设计和调试。
（二）决策与计划
决策： 1）分组讨论，每 3 人一组，分析串行通信控制特点。 2）查找资料，选择移位寄存器。 3）确定任务设计思路、程序设计思路。 4）查找相应单片机芯片的下载软件。 5）小组成员讲述任务方案。 计划： 1）根据操作规程和任务方案，按步骤完成相关工作。 2）列出完成该任务所需注意的事项。 3）确定工作任务需要使用的工具和相关资料，填写下表。

项目名称			
各工作流程	使用的工具	相关资料	备注

（三）实施
1）根据任务要求及所给单片机串口控制数码管。 2）编写程序，并在 Proteus 软件中绘图仿真。 3）根据前述项目进行科学布线。 4）焊接并调试电路。 5）根据单片机应用系统的开发流程编写源程序并下载到自己制作的单片机中运行，观察效果。 6）修改程序，下载后进一步观察运行效果。 7）思考在工作过程中如何节约成本并提高工作效率。 8）记录工作任务完成情况。
（四）检查（评估）
检查： 1）学生填写检查单。 2）教师进行考核。 评估： 1）小组讨论，形成自我评估材料。 2）在全班评述完成情况和发生的问题及解决方案。 3）全班同学共同评价每个小组该任务的完成情况。 4）小组准备汇报材料，每组选派一人进行汇报。 5）上交作品和任务实训报告。

引领知识

3.2.2　单片机串行口通信

1. 串行通信

1) 认识计算机的串口及各种串口线

计算机的串口及公头芯针排列如图 3-11 所示。串口有公头和母头两种。公头芯针排列及引脚功能见表 3-2。各种形式的串口线如图 3-12 和图 3-13 所示。

表 3-2　公头芯针排列及引脚功能

引脚序号	名　　称	作　　用
1	DCD（Data Carrier Detect）	数据载波检测
2	RxD（Received Data）	串口数据输入
3	TxD（Transmitted Data）	串口数据输出
4	DTR（Data Terminal Ready）	数据终端就绪
5	GND（Signal Ground）	地线
6	DSR（Data Send Ready）	数据发送就绪
7	RTS（Request to Send）	发送数据请求
8	CTS（Clear to Send）	清除发送
9	RI（Ring Indicator）	铃声指示

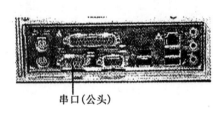
串口(公头)

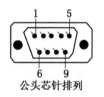
公头芯针排列

图 3-11　计算机的串口及公头芯针排列

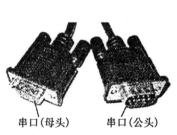
串口(母头)　　串口(公头)

图 3-12　RS-232 串口线

串口(公头)

图 3-13　USB 转串口连接线

2）用串口线连接计算机的串口

用 RS-232 串口线连接计算机的串口时，有以下两种方法：

方法一：如果是两台计算机之间的数据通信，即一计算机通过串口发送数据，另一计算机通过串口接收数据，可用串口线连接两台计算机的串口：用串口线的两端将一计算机公头与另一计算机母头相连；如果两台计算机的串口都是公头，可使用两个母头分别插在其上，然后用导线将计算机 A 的串口第 2 芯针 RXD 与计算机 B 的串口第 3 芯针 TXD 相连，将计算机 A 的串口第 3 芯针 TXD 与计算机 B 的串口第 2 芯针 RXD 相连，将两机的串口第 5 芯针 GND 相连，如图 3-14(a)所示。

方法二：如果是单机通信，即本计算机串口发送的数据由本机串口接收，则应该把本机串口第 2 芯针 RXD 与第 3 芯针 TXD 相连，如图 3-14(b)所示。

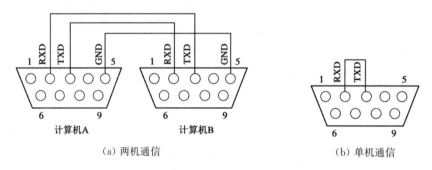

（a）两机通信　　　　　　　　　　　　　　（b）单机通信

图 3-14　串口通信的硬件连接

3）下载串口调试软件

利用串口调试软件可以控制计算机串口 TXD 脚向 RXD 脚发送数据并显示。网上有很多可免费下载的串口调试软件，一串口调试软件如图 3-15 所示。输入"发送数据窗口"的数据经 TXD 脚传送到 RXD 脚并在"接收数据窗口"显示。

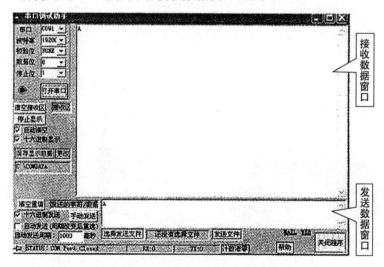

图 3-15　串口调试软件

4）选择串口，设置通信协议

无论是两机通信还是单机通信，都要事先确定通过哪个串口发送/接收数据，此为串口选择。此外，还要设置通信协议，包括发送方和接收方数据帧（由起始位、数据位、校验位和停止位构成）相同、数据传送速度（波特率）相同。选择串口和设置通信协议都在串口调试窗口中完成。

5）发送数据与接收数据

在串口调试窗口中选择串口和设置通信协议后按"打开串口"准备发送/接收数据，在"发送数据窗口"输入要发送的数据如"A"等，点击"自动发送"后可在"接收数据窗口"显示接收的数据，如图 3-15 所示。

以上是两台计算机之间的串口数据通信，从中可以看到要想保证通信成功，通信双方必须有一些约定，也就是前面谈到的通信协议。单片机与单片机之间、单片机与计算机之间进行串行通信时，通信双方（发送方和接收方）也要遵守最基本的通信协议才能保证通信成功。

2. 单片机串行口的操作平台

51 单片机的 P3.0 和 P3.1 引脚除了可以作一般的 I/O 口使用外，还具有第二种功能，那就是可作串行输入/输出端口，见图 3-16。51 单片机内部有一个可编程全双工串行接口，具有 UART（通用异步接收和发送器）的全部功能，通过单片机的引脚 P3.0（RXD）和 P3.1（TXD）同时接收、发送数据。

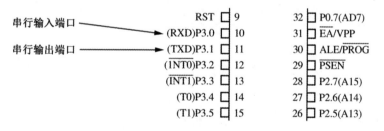

图 3-16　51 单片机的 UART 端口

51 单片机串行口的内部结构如图 3-17 所示。图中，特殊功能寄存器 SBUF、SCON、PCON 和波特率发生器（定时器 T1）用于控制 51 单片机串行口。

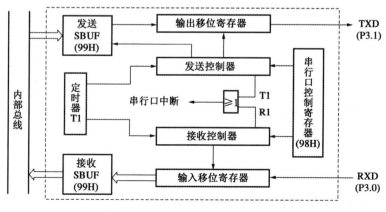

图 3-17　51 单片机串行口内部结构

1）串行口数据缓冲器 SBUF

串行口数据缓冲器 SBUF 包括两个在物理上独立的缓冲器：发送缓冲器和接收缓冲器。发送缓冲器用于存放将要发出的字符数据，它通过输出移位寄存器在 P3.1 口（TXD）串行发送数据，只能写入数据，不能读出数据。接收缓冲器用于存放接收到的字符数据，它通过输入移位寄存器在 P3.0 口（RXD）串行接收数据，只能读出数据，不能写入数据。发送缓冲器 SBUF 和接收缓冲器 SBUF 共用一个地址 99H，通过对 SBUF 的读、写指令来区别是对接收缓冲器还是发送缓冲器进行操作。对 SBUF 进行读、写操作通常都通过累加器 A进行，目的是便于对接收到的数据进行奇偶校验。如下面两条指令：

MOV SBUF,A　；将欲发送的数据通过累加器 A 存储在发送缓冲器 SBUF 中

MOV A,SBUF　　；将接收到的数据通过接收缓冲器 SBUF 存储在累加器 A 中

2）串行口控制寄存器 SCON

串行口控制寄存器 SCON 用来控制串行口的工作方式和状态，字节地址为 98H，可以位寻址。SCON 的格式如表 3-3 所示。

表 3-3　串行口控制寄存器 SCON

数据位	D7	D6	D5	D4	D3	D2	D1	D0
位地址	9FH	9EH	9DH	9CH	9BH	9AH	99H	98H
位符号	SM0	SM1	SM2	REN	TB8	RB8	TI	RI

各数据位功能说明如下：

（1）SM0、SM1：串行口工作方式选择位。2 个选择位定义 4 种工作方式，其定义如表 3-4 所示。

表 3-4　串行口工作方式的设定

SM0　SM1	工作方式	功能说明	波特率
0　　0	方式 0	8 位同步移位寄存器	$f_{osc}/12$
0　　1	方式 1	10 位 UART	波特率可变
1　　0	方式 2	11 位 UART	$f_{osc}/32$ 或 $f_{osc}/64$
1　　1	方式 3	11 位 UART	波特率可变

（2）SM2：多机通信控制位，用于方式 2 和方式 3 中。将 SM2 清零则屏蔽多机通信功能，置 1 则能使多机通信在方式 2 和方式 3。在方式 2 和方式 3 处于接收方式时，若 SM2=1，且接收到的第 9 位数据 RB8 为 0 时，不激活 RI；若 SM2=1 且 RB8=1 时，则置 RI=1。在方式 2、3 处于接收或发送方式时，若 SM2=0，不论接收到的第 9 位 RB8 为 0 还是 1，TI、RI 都以正常方式被激活。

在方式 0 中，SM2 应为 0。在方式 1 处于接收状态时，若 SM2=1，则只有收到有效的停止位后，RI 才被置 1。

（3）REN：允许串行接收位。它由软件置位或清零。REN=1 时，允许接收；REN=0

时,禁止接收。

（4）TB8：工作方式2和方式3中欲发送的第9位数据。在许多通信协议中,TB8可做奇偶校验位,也可根据需要由软件置1或置0。在多机通信中,可作为区别地址帧或数据帧的标识位。一般约定：发送地址帧时,TB8为1;发送数据帧时,TB8为0。

（5）RB8：工作方式2和方式3中接收到的第9位数据。RB8功能与TB8相同,它可作奇偶校验位或地址帧/数据帧的标识位等。

在工作方式1中,如SM2＝0,则RB8是已接收的停止位。在工作方式0中,RB8无效,不使用。

（6）TI：发送中断标志位。在工作方式0中,发送完8位数据后,由单片机内部硬件电路自动置1;在其他工作方式中,在发送停止位时,由硬件自动置1。因此,TI是发送完一帧数据的标志。当TI＝1时,向CPU申请串行中断。CPU响应中断后,必须由软件对TI清零。

（7）RI：接收中断标志位。在工作方式0中,接收完8位数据后,由硬件自动置1;在其他工作方式中,在接收停止位后由硬件自动置1。因此,RI是接收完一帧数据的标志。当RI＝1时,向CPU申请中断。CPU响应中断后,必须由软件对RI清零。

3）电源及波特率选择寄存器PCON

PCON主要是为单片机的电源控制而设置的专用寄存器,其字节地址为87H,只能按字节操作。PCON中只有最高位SMOD与串行口的控制有关,其他位与串行口控制无关,如表3-5所示。

表3-5 电源及波特率选择寄存器PCON

数据位	D7	D6	D5	D4	D3	D2	D1	D0
位符号	SMOD	与串行口控制无关						

当串行口工作在方式1、方式2和方式3时,串行通信的波特率与SMOD有关。当SMOD＝1时,通信波特率加倍;当SMOD＝0时,波特率不变。因此,SMOD被称为串行口波特率的倍增位。单片机复位时,SMOD被清零。

4）波特率发生器（定时/计数器T1）

定时/计数器T1作为波特率发生器,用于产生接收和发送数据所需要的移位脉冲。T1的溢出频率越高,接收和发送数据的频率越高,即波特率越高。T1作为波特率发生器时通常工作在方式2,为可自动重装初值的8位计数器。

5）串行口的工作原理

（1）串行口发送数据

串行口发送数据时,通过指令"MOV SBUF,A"从内部总线向发送缓冲器写入数据,启动数据发送过程,由单片机内部硬件电路自动在一帧数据的开始加上起始位0、在最后加上停止位1。在发送控制器的控制下,按设定的波特率,每来一个移位脉冲,数据移出一位。先发送一位起始位0,再由低位到高位一位一位通过TXD(P3.1)把数据发送到外部电路,数据发送完毕,最后发一位停止位 1,一帧数据发送结束。发送控制寄存器通过或门向 CPU 发出中断请求(TI=1),CPU 可以通过查询方式或者中断方式开始发送下一帧数据。

(2) 串行口接收数据

在接收数据时,若 RXD(P3.0)接收到一帧数据的起始信号 0,串行口控制寄存器 SCON 向接收控制器发出允许接收信号,按设定的波特率,每来一个移位脉冲,将数据从 RXD 端移入一位,放在输入移位寄存器中。数据全部移入后,输入移位寄存器再将全部数据送入接收缓冲器中,同时接收控制器通过或门向 CPU 发出中断请求(RI=1),CPU 可以通过查询方式或者中断方式开始接收下一帧数据。通过指令"MOV A,SBUF"将接收缓冲器中的数据取出,从而完成了一帧数据的接收。

由上述可知,串行通信中收发双方的移位速度必须一致,否则会造成数据位的丢失。因此,通信双方必须采用相同的波特率。

3. 串行口的工作方式

51 单片机的串行口有 4 种工作方式,由 SCON 中的数据位 SM0 和 SM1 决定,如表 3-3 所示。

1) 工作方式 0

在方式 0 下,串行口作同步移位寄存器用,其波特率固定为晶振频率的 1/12。串行数据从 RXD(P3.0)端输入或输出,同步移位脉冲由 TXD(P3.1)送出。发送或接收数据时,低位数据在前,高位数据在后。该方式下只发送或接收 8 位数据,不需要起始位和停止位,故这种方式常用于扩展 I/O 口。

(1) 方式 0 下发送数据

方式 0 下发送数据时,要发送的 8 位数据写入串行口发送缓冲器 SBUF,串行口自动将 SBUF 中的数据转换成 8 位串行数据,并以晶振频率的 1/12 作为波特率从 RXD 发送出去。当数据发送完成后,串行口发送中断标志 TI 会被单片机内部硬件电路自动置 1,请求中断。再次发送数据之前,必须由软件将 TI 清零。方式 0 下,可外接串入并出移位寄存器如 74LS164 等扩展并行输出口。

(2) 方式 0 下接收数据

在方式 0 下接收串行数据之前需要设 SCON 中的 RI=0、REN=1,串行口即开始从 RXD 端以 $f_{osc}/12$ 的波特率输入数据。当接收完 8 位数据后,串行口接收中断标志 RI 会被单片机内部硬件电路自动置 1,请求中断。再次接收数据之前,必须由软件将 RI 清零。方式 0 下,可外接并入串出移位寄存器如 74LS165 等扩展并行输入口。

2) 工作方式 1

在方式 1 下,串行口为波特率可调的 10 位通用异步接口。发送或接收一帧信息,包括 1 个起始位 0、8 个数据位和 1 个停止位 1。其帧格式如图 3-18 所示。

(1) 方式 1 下发送数据

当欲发送的数据写入发送缓冲器 SBUF 后,启动发送缓冲器发送数据。欲发送的数据

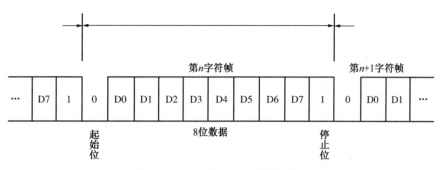

图 3-18　工作方式 1 下数据帧格式

从 TXD 端输出。当发送完一帧数据后,硬件电路自动将发送中断标志位 TI 置为 1,向 CPU 申请串行中断。

(2) 方式 1 下接收数据

接收数据时,由软件将 REN 置 1(允许接收数据),串行口采样 RXD 引脚。当采样到 1 至 0 的跳变时,确认是起始位"0",开始接收一帧数据。当 RI＝0、停止位为 1 且 SM2＝0 时,停止位才进入 RB8,8 位数据才能进入接收缓冲器,同时硬件电路自动将接收中断标志位 RI 置 1,向 CPU 申请串行中断,否则信息将丢失。所以,方式 1 接收数据时,应先用软件将 RI 和 SM2 标志位清零。

3) 工作方式 2

在方式 2 下,串行口为波特率固定的 11 位 UART。一帧数据包括 1 位起始位 0、8 位数据位(先低位后高位)、1 位可编程位(第 9 位)和 1 位停止位 1,其帧格式如图 3-19 所示。

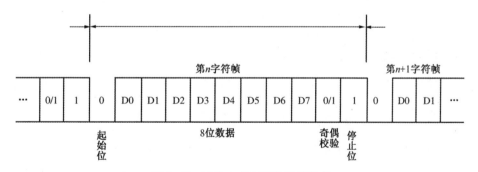

图 3-19　工作方式 2 下数据帧格式

方式 2 还是 8 位数据,仅比方式 1 增加了第 9 位数据 TB8 或 RB8,其第 9 位数据由用户确定,是一个可编程数据位,可作奇偶校验位或地址帧/数据帧的标识位等。

(1) 方式 2 下发送数据

CPU 执行指令"MOV SBUF,A",将欲发送的数据写入发送缓冲器 SBUF 后启动数据发送,来自 SCON 的 TB8 作为第 9 位数据一起发送。发送数据前,先根据通信协议由软件设置 TB8,然后用指令将要发送的数据写入发送缓冲器 SBUF,一帧数据即从 TXD 发送。在发送完一帧数据后,TI 被硬件自动置 1,向 CPU 申请中断。发送下一帧数据前必须由软件对 TI 清零。

（2）方式 2 下接收数据

接收数据时，由软件将 REN 置 1（允许接收数据），串行口采样 RXD 引脚。当采样到 1 至 0 的跳变时，确认是起始位"0"，开始接收一帧数据。当 RI＝0、停止位为 1 且 SM2＝0 时，第 9 位数据才进入 RE8，8 位数据才能进入接收缓冲器，同时硬件电路自动将接收中断标志位 RI 置 1，向 CPU 申请串行中断，否则信息将丢失。接收下一帧数据前必须由软件对 RI 清零。

4）工作方式 3

方式 3 为波特率可变的 11 位 UART。除了波特率以外，方式 3 和方式 2 完全相同。

4. 串行口的波特率

在串行通信中，收发双方对传送的数据速率（即波特率）要事先约定。通过前面的学习我们已经知道 51 单片机的串行口通过编程可以有 4 种工作方式，其中，工作方式 0 和工作方式 2 的波特率是固定的，工作方式 1 和工作方式 3 的波特率可变（由定时器 T1 的溢出率决定），下面加以详述。

1）工作方式 0 和工作方式 2 的波特率

在工作方式 0 中，波特率为时钟频率的 1/12。

$$方式 0 波特率 = \frac{f_{osc}}{12}$$

在工作方式 2 中，波特率取决于 PCON 中的 SMOD 值：当 SMOD＝0 时，波特率为 $f_{osc}/64$；当 SMOD＝1 时，波特率为 $f_{osc}/32$。

$$方式 2 波特率 = \frac{2^{SMOD} \times f_{osc}}{64}$$

2）工作方式 1 和工作方式 3 的波特率

在工作方式 1 和工作方式 3 下，波特率由定时器 T1 的溢出率和 SMOD 共同决定。

$$波特率 = \frac{2^{SMOD}}{32} \times 定时器 T1 的溢出率$$

式中定时器 T1 的溢出率取决于定时器 T1 的初始值。通常定时器选用工作方式 2，即自动重装初始值的 8 位定时/计数器，此时 T1 作计数用，用 TLI 计数，自动重装的初始值存放在 THI 内。设定时器的初始值为 X，那么每过 $256 - X$ 个机器周期，定时器 T1 溢出一次。为了避免因溢出而产生不必要的中断，此时应禁止 T1 中断。T1 溢出周期为

$$T1 溢出周期 = \frac{12}{f_{osc}} \cdot (256 - X)$$

溢出率为溢出周期的倒数，所以方式 1 和方式 3 的波特率为

$$波特率 = \frac{2^{SMOD}}{32} \cdot \frac{f_{osc}}{12(256 - X)}$$

通常情况下，我们要根据串行通信的波特率和时钟频率确定定时器 T1 的初始值。由

上述可知：

$$定时器\ T1\ 的初始值\ X = 256 - \frac{2^{\text{SMOD}} \times f_{\text{osc}}}{32 \times 12 \times 波特率}$$

例如单片机串行通信的波特率为 2 400 b/s，f_{osc}＝11.059 2 MHz，T1 工作在模式 2，设 SMOD＝0，则定时器 T1 的初始值 X 为 F4H。

当时钟频率选用 11.059 2 MHz 时，单片机易获得计算机中的标准波特率。51 单片机串行口常用波特率及产生条件如表 3-6 所示。

由表 3-6 可知，当时钟频率选用 11.059 2 MHz、单片机采用标准波特率时，单片机串行口通常工作在方式 1 或方式 3。

表 3-6　常用波特率及产生条件

工作方式	波特率/(b/s)	f_{osc}/MHz	定时器 T1			
			SMOD	$\frac{C}{T}$	模式	定时器初值
方式 0	1 M	12	×	×	×	×
方式 2	375 K	12	1	×	×	×
	187.5 K	12	0	×	×	×
方式 1 方式 3	62.5 K	12	1	0	2	FFH
	19.2 K	11.059	1	0	2	FDH
	9.6 K	11.059	0	0	2	FDH
	4.8 K	11.059	0	0	2	FAH
	2.4 K	11.059	0	0	2	F4H
	1.2 K	11.059	0	0	2	E8H
	137.5	11.059	0	0	2	1DH
	110	12	0	0	1	FEEBH

3.2.3　串行口的应用

硬件电路的连接和应用程序设计是串行口应用的关键。硬件的连接主要是串行口 RXD 和 TXD 与外部电路的连接，根据串行口工作方式和外部器件的不同而有所不同。应用程序的设计包括两个部分：初始化程序和发送/接收程序。初始化程序的目的是确保通信双方的通信协议一致，即保证收发双方波特率和数据帧相同，收发双方电平信号一致问题由硬件电路解决。在串行通信中，因单片机通常工作在方式 1 或方式 3，因此初始化对象是串行口和定时器 T1，初始化程序主要完成串行口的工作方式选择、波特率设置、计数器 T1 初值设定、计数器 T1 工作方式设定（只能是方式 2）等，这部分程序放在单片机系统程序的初始化部分中。发送/接收程序可采用查询方式，也可以采用中断方式。如果采用查询方式，则查询的是 RI 位或 TI 位，发送/接收程序放在系统程序的主程序中；如果采用中断方式，则在初始化程序中还要开全局中断和串行中断等，发送/接收程序放在串行中断服务程序中。

1. 串行口初始化程序

初始化程序主要内容是：

1）选择串行口的工作方式，即设定 SCON 中的 SM0、SM1。

2）设定串行口的波特率。在工作方式 0 下可以省略这一点。

设定 SMOD 的状态，若设定 SMOD＝1，则波特率加倍。

若选择方式 1 和方式 3，则需对定时器 T1 进行初始化并设定其初值。

3）若选择串行口接收数据或是双工通信方式，需设定 REN＝1。

4）若采用中断方式发送/接收数据，需开放串行中断。即设定 EA＝1，ES＝1。

2. 串行口发送/接收程序

在串行通信中，RI 和 TI 是一帧数据接收完和发送完的标志。无论采用查询方式还是中断方式编写程序，都要用到 RI 或 TI。两种方式程序设计方法如下：

（1）查询方式下程序设计。查询方式下发送数据的方法是：先发送数据后查询 TI，即发送一个数据—查询 TI—发送下一个数据。

查询方式下接收数据的方法是：先查询 RI 后接收数据，即查询 RI—读入一个数据—查询 RI—读下一个数据。

需要注意的是，当发送或接收数据后都要将 TI 或 RI 清零。

（2）中断方式下程序设计。中断方式下发送数据的方法是：发送一个数据—等待中断，在中断中再发送下一个数据。

中断方式下接收数据的方法是：等待中断，在中断中再接收一个数据。

同样需要注意的是，当发送或接收数据后都要将 TI 或 RI 清零。

3. 利用串行口扩展并行口

单片机并行 I/O 口数量有限，当并行口不够使用时，可以利用串行口来扩展并行口。51 系列单片机串行口方式 0 为移位寄存器方式，外接一个串入并出的移位寄存器，可以扩展一个并行输出口，如图 3-20 所示；外接一个并入串出的移位寄存器，可以扩展一个并行输入口，如图 3-21 所示。

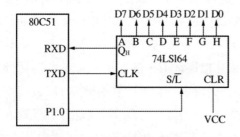

图 3-20　串行口扩展并行输出口

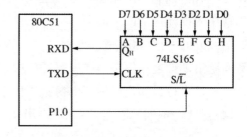

图 3-21　串行口扩展并行输入口

图 3-20 中 74LS164 为串入并出移位寄存器，其中 DH 为串行数据输入端，A、B、C、D、

E、F、G、H 为并行数据输出端(A 为最高位),CLK 为同步时钟输入端,CLR 为输出清零端。若不需将输出数据清零,则 CLR 端接 V_{CC}。

74LS165 为并入串出移位寄存器,A、B、…、H 为并行输入端(A 为最高位),Q_H 为串行数据输出端,CLK 为同步时钟输入端,S/L 为预置控制端。S/L=0 时,锁存并行输入数据;S/L=1 时,可进行串行移位操作。

【例 3-1】　用 80C51 串行口外接 74LS164 扩展 8 位并行输出口,如图 3-22 所示,8 位并行口的各位都接一个发光二极管,要求发光管呈流水灯状态循环闪烁。

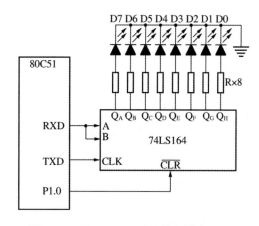

图 3-22　用 74LS164 扩展并行输出口

解:串行口在工作方式 0 下发送时,在发送第 8 位后由硬件将 TI 置位,本例同样可采用中断方式,也可采用查询方式编程。可以利用 TI 置位引起中断申请,在中断服务程序中发送下一帧数据,或者通过查询 TI 的状态,以 TI=1 作为发送下一帧数据的条件。

用查询方式编写的程序如下:

```
         ORG 0030H
START: MOV   SCON,#00H      ;置串行口方式0
         CLR ES              ;禁止串行中断
         MOV A,#80H          ;最高位灯亮
LOOP: CLR P1.0               ;关闭并行输出
         MOV SBUF,A          ;开始串行输出
         JNB TI,$            ;等待8位输出完毕
         CLR TI              ;8位输完,清TI标志,以备下次发送
         SETB P1.0           ;打开并行口输出
         LCALL DELAY         ;调用延时子程序,状态维持
         RR A                ;循环右移
         AJMP LOOP           ;循环
```

用 C 语言编写程序如下:

```
//利用串口方式0控制流水灯效果
#include<reg51.h>          //包含51单片机寄存器定义的头文件
#include<intrins.h>        //包含函数_nop_()定义的头文件
#define uchar unsigned char
#define uint unsigned int
uchar code Tab[10]={0xfe,0xfd,0xfb,0xf7,0xef,0xdf,0xbf,0x7f};
uchar ct=0;
```

```
/ ******************************************************************
函数功能：延时 Kms 函数 **************************** *********** /
void delay(uint k)
{
    uint i,j;
    for(i=0;i<k;i++)
    {
        for(j=0;j<125;j++)
        {;}
    }
}
/ ******************************************************************
函数功能：发送一个字节的数据
 ******************************************************************/
void Send(unsigned char dat)
{
    SBUF=dat;              //将数据写入串口发送缓冲器，启动发送
    while(TI==0)           //若没有发送完毕，等待
        ;
    TI=0;   //发送完毕，TI 被置"1"，需将其清零
}
/ *********************************************
函数功能：主函数
 ********************************************* /
void main(void)
{
    SCON=0x00;             //SCON=0000 0000B,使串行口工作于方式 0
    while(1)
    {
        ct++;
        if(ct==8)
        {
            ct=0;
        }
        Send(Tab[ct]);//发送数据
        delay(100);

    }
}
```

仿真图如下：

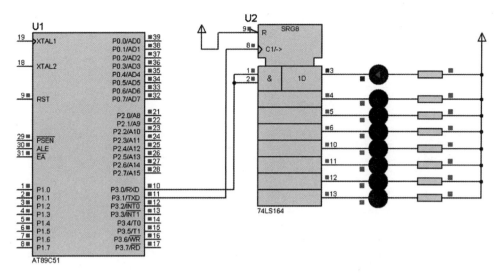

图 3-23　仿真图

4. 利用单片机串口控制产品计数器

采用单片机的串行口和移位寄存器 74LS164 驱动一位数码管进行静态显示,将单片机的 P3.0(RXD)引脚与 74LS164 的 1、2 脚(A 和 B 端)连在一起,作为 74LS164 串行数据的输入端;将单片机的 P3.1(TXD)引脚与 74LS164 的 8 脚(时钟输入端 CLK)连在一起,作为 74LS164 的时钟输入端;将 74LS164 的 9 脚(清零端)接高电平,禁止清零。按键 K1 连接 P1.0 模拟产品增加。

用 C 语言编写程序如下:

```
#include<reg51.h>
#include<intrins.h>
#define uchar unsigned char
#define uint unsigned int
uchar code Tab[10]={0xc0,0xf9,0xa4,0xb0,0x99,0x92,0x82,0xf8,0x80,0x90};
sbit KEY=P1^0;
uchar ct=0;
void delay(uint k)
{
    uint i,j;
    for(i=0;i<k;i++)
    {
        for(j=0;j<125;j++)
        {;}
    }
}
void Send(unsigned char dat)
{
    SBUF=dat;
```

```
    while(TI==0)
    {;}
    TI=0;
}
void main(void)
{
    SCON=0X00;
    while(1)
    {
        if(KEY==0)
        {
            delay(10);
            if(KEY==0)
            {
                while(KEY==0);
                ct++;
                if(ct==8)
                {
                    ct=0;
                }
                    Send(Tab[ct]);
            }
        }
    }
}
```

仿真图如下(图 3-24)：

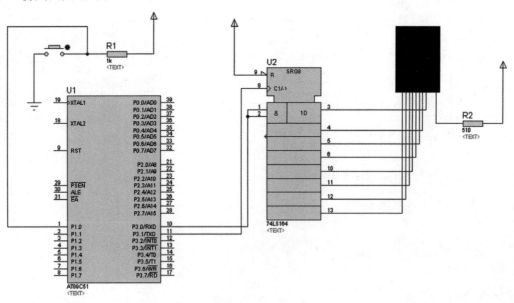

图 3-24 仿真图

3.2.4 引导文（学生用）

学习领域	单机小系统设计与制作
项目	基于单片机小系统的数码管显示计数器的设计与制作
工作任务	串行通信控制数码管显示
学　时	

任务描述：在前面项目的基础上，用 STC 单片机的串口通信实现对 LED 数码管的控制，采作串行通信方式 0 和移位寄存器。要求 LED 数码管能以 1 s 的时间间隔轮流显示数字 1～3。

学习目标：掌握串行通信的结构。
掌握串行通信的工作方式。
熟悉单片机串行口的基本应用。
学会单片机串行通信程序的编写。
熟悉单片机系统的开发流程。
培养学生良好的工程意识、职业道德和敬业精神。

资讯阶段	将学生按 6 人一组分成若干个小组，确定小组负责人。 小组名称：　　小组负责人：　　小组成员： 1. 串行通信和并行通信。 2. 串行口控制寄存器（SCON）。 3. 串行通信各种工作方式。 4. 串行通信实现控制的基本方法。 5. 如何使用移位寄存器。 6. 程序设计和调试。

计划、决策阶段

1. 每小组再按 2 人一组分成 3 个小分组。
2. 明确任务，并确定准备工作。
3. 小组讨论，进行合理分工，确定实施顺序。
请根据学时要求作出团队工作计划表：

分组号	成员	完成时间	责任人

实施阶段

1. 根据任务要求及所给单片机串口控制数码管。
2. 编写程序，并在 Proteus 软件中绘图仿真。
3. 根据前述项目进行科学布线。
4. 焊接并调试电路。
5. 根据单片机应用系统的开发流程编写源程序并下载到自己制作的单片机中运行，观察效果。
6. 修改程序，下载后进一步观察运行效果。
7. 思考在工作过程中如何节约成本并提高工作效率。
8. 记录工作任务完成情况。

（续表）

检查阶段	1. 效果检查：各小组先自己检查控制效果是否符合要求。 2. 检验方法检查：小组中一人对观测成果的记录进行检查，其他人评价其操作的正确性及结果的准确性。 3. 资料检查：各小组上交前应先检查需要上交的资料是否齐全。 4. 小组互检：各小组将资料准备齐全后，交由其他小组进行检查，并请其他小组给出意见。 5. 教师检查：各小组资料及成果检查完毕后，最后由教师进行专项检查，并进行评价，填写评价记录。
评估阶段	一、评分办法和分值分配如下： 二、进行考核评估

一、评分办法和分值分配如下：

内　容	分值	扣分办法
1. 原理图绘制	20 分	每处错误扣 2 分
2. 程序设计	20 分	每处错误扣 2 分
3. 联合仿真	20 分	无效果扣 15 分，效果错误扣 10 分
4. 硬件制作	20 分	每错一项扣 5 分
5. 出勤状况	20 分	迟到 5 min 扣 5 分，迟到 1 h 扣 10 分， 2 h 扣 20 分，缺勤半天扣 20 分

注：时限

1. 每人必须在规定时间内完成任务。
2. 如超时完成任务，则每超过 10 min 扣减 5 分。
3. 小组完成后及时报请验收并清场。

二、进行考核评估

小组自评与互评成绩评定表

学生姓名_____　教师_____　班级_____　学号_____

序号	考评项目	分值	考核办法	成员名单					
1	学习态度	20	出勤率、听课态度、实训表现等						
2	学习能力	20	回答问题、完成学生工作的质量						
3	操作能力	40	成果质量						
4	团结协作精神	20	以所在小组完成工作的质量、速度等进行评价						
自评与互评得分									

3.2.5　任务设计（老师用）

学习领域	单片机小系统设计与制作		
工作项目	基于单片机小系统的数码管显示计数器的设计与制作		
工作任务	串行通信控制数码管显示	学时	6
学习目标	1. 掌握串行通信的结构。 2. 掌握串行通信的工作方式。 3. 熟悉单片机串行口的基本应用。 4. 学会单片机串行通信程序的编写。 5. 熟悉单片机系统的开发流程。 6. 培养学生良好的工程意识、职业道德和敬业精神。		
工作任务描述	在前面项目的基础上,用 STC 单片机的串口通信实现对 LED 数码管的控制,采作串行通信方式 0 和移位寄存器。要求 LED 数码管能以 1 s 的时间间隔轮流显示数字 1～3。		
学习任务设计	1. 学习单片机串行通信的基本概念,掌握串行通信的结构组成及工作方式。 2. 学会单片机的使用方法。 3. 学会在不同工作方式下编写程序。		
提交成果	1. 自评与互评评分表。 2. 作业。		
学习内容	学习重点: 1. 串行通信的结构。 2. 串行通信的工作方式及使用方法。 学习难点: 1. 根据流程编写程序。 2. 硬件调试和软件调试。		
教学条件	1. 教学设备:单片机试验箱、计算机。 2. 学习资料:学习材料、软件使用说明、焊接工艺流程、视频资料。 3. 教学场地:一体化教室、一体化实训场。		
教学设计与组织	一、咨询阶段 1. 串行通信和并行通信。(教师引导学生思考) 2. 串行口控制寄存器(SCON)。(教师讲解,动画展示) 3. 串行通信各种工作方式。(教师讲解与示范,学生模仿) 4. 串行通信实现控制的基本方法。(教师讲解,动画展示) 5. 如何使用移位寄存器。(教师讲解与示范,学生模仿) 6. 程序设计和调试。(教师引导学生做) 7. 安排工作任务。(6 名学生一组) 二、计划、决策阶段 1. 明确任务。 2. 小组讨论,分成 3 个小分组进行分工协作安排。 三、实施阶段 1. 分组讨论,分析任务要求及所给单片机串口控制数码管。 2. 编写程序,并在 Proteus 软件中绘图仿真。(学生操作,教师指导) 3. 制作电路并进行软硬件联调。		

（续表）

教学设计与组织	四、检查阶段 各小组先自己检查控制效果是否符合要求，然后由小组之间互相检查，最后指导教师检查确认。（以学生自查为主、教师指导为辅） 五、评估阶段 1. 各小组选出一人陈述施测过程和成果，指导教师对实施过程和成果进行点评。 2. 根据个人自评、小组互评和教师评价进行综合成绩评定。	
考核标准 （100分）	成果评定（50分）	根据学生提交成果的准确性和完整性评定成绩，占50%。
	学生自评（10分）	学生根据自己在任务实施过程中的作用及表现进行自评，占10%。
	小组互评（15分）	根据工作表现、发挥的作用、协作精神等，小组成员互评，占15%。
	教师评价（25分）	根据考勤、学习态度、吃苦精神、协作精神、职业道德等进行评定； 根据任务实施过程每个环节及结果进行评定； 根据实习报告质量进行评定。 综合以上评价，占25%。

3.2.6 工具、设计及材料

工具：电烙铁、吸锡器、镊子、剥线钳、尖嘴钳、斜口钳等。

设备：单片机试验箱、万用表、计算机等。

材料：AT89C51 单片机一块，相关电阻、电容一批，晶振一个，电路万用板一块，导线若干，焊锡丝，松香等。

3.2.7 成绩报告单（以小组为单位和以个人为单位）

序号	工作过程	主要内容	评分标准	分配	学生（自评）		教师	
					扣分	得分	扣分	得分
1	资讯 （10分）	任务相关知识查找	查找相关知识，该任务知识掌握度达到60%，扣5分	10				
			查找相关知识，该任务知识掌握度达到80%，扣2分					
			查找相关知识，该任务知识掌握度达到90%，扣1分					
2	决策计划 （10分）	确定方案编写计划	制定整体方案，实施过程中修改一次，扣2分	10				
3	实施 （10分）	记录实施过程步骤	实施过程中，步骤记录不完整达到10%，扣2分	10				
			实施过程中，步骤记录不完整达到20%，扣3分					
			实施过程中，步骤记录不完整达到40%，扣5分					

(续表)

序号	工作过程	主要内容	评分标准	分配	学生(自评)		教师	
					扣分	得分	扣分	得分
4	检查评价 (60分)	小组讨论	自我评述完成情况	5				
			小组效率	5				
		整理资料	设计规则和工艺要求的整理	5				
			参观了解学习资料的整理	5				
		设计制作过程	设计制作过程的记录	10				
			焊接工艺的学习	5				
			外围元器件的识别	5				
			程序下载工具的学习	5				
			工厂参观过程的记录	5				
			常见编译软件的学习	10				
5	职业规范 团队合作 (10分)	安全生产	安全文明操作规程	3				
		组织协调	团队协调与合作	3				
		交流与 表达能力	用专业语言正确流利地 简述任务成果	4				
合计				100				
学生自评总结								
教师评语								
学生 签字		年　月　日		教师 签字			年　月　日	

3.2.8　思考与训练

1. 串行通信有几种基本通信方式? 它们有什么区别?

2. 什么是串行通信的波特率?

3. 串行通信有哪几种制式? 各有什么特点?

4. 简述串行口控制寄存器 SCON 各位的定义。

5. 单片机串行通信有几种工作方式? 简述它们各自的特点。

6. 简述单片机串行口在四种工作方式下波特率的产生方法。

7. 假设异步通信接口按方式 1 传送,每分传送 6 000 个字符,其波特率是多少? 若异步通信接口按方式 3 传送,已知其每分传送 3 600 个字符,其波特率又是多少?

8. 串行口工作在方式 1 和方式 3 时,其波特率由定时器 T1 产生,为什么常选 T1 工作在方式 2 下? 若已知 $f_{osc}=6$ MHz,需产生的波特率为 2 400 b/s,则如何计算 T1 的计数初值?

9. 说明单片机多机通信的工作原理。

10. PC 机与单片机间的串行通信为什么要使用芯片 MAX232 进行电平转换?

11. RS_232C 总线标准逻辑电平是怎样规定的?

12. 绘出用 MAX232 芯片实现两片 51 单片机之间远距离串行通信的接口电路图。

13. 试编写 51 单片机串行口在方式 3 下的接收程序。设波特率为 2 400 b/s,单片机时钟频率为 11.059 2 MHz。接收数据块长 16 个字节,接收后存在于片内 RAM 的 50 H 开始单元,采用奇偶校验,RB8 作为奇偶校验位。

14. 采用查询方式设计一个发送程序,将单片机内部 RAM 中的 50H~5FH 单元数据从串行口输出。要求将串行口定义为方式 2,TB8 作奇偶校验位,波特率为 375 b/s,单片机时钟频率为 11.059 2 MHz。

项目 4

基于单片机中断控制的产品设计与制作

项目目标导读

 **思政目标**

① 能在学习过程中培养爱国情怀。

② 要在中断控制程序的设计过程中领会精益求精的工匠精神,培养职业自信心。

③ 要通过流水灯中断控制电路的实现效果体会简洁实用之美。

④ 要激发对问题的好奇心,具有探索精神和科学思维。

⑤ 在电路制作和程序设计过程中要具有宽广的视野和全局思维。

⑥ 能通过小组讨论活动提升团队合作能力和沟通能力。

⑦ 要有"真、善、美"的品格,小组同学之间要和谐沟通,协调合作。

⑧ 要按照《电气简图用图形符号 第5部分:半导体管和电子管》(GB/T 4728.5-2018)国家行业标准画电路仿真图并制作电路。

⑨ 损坏的元器件、部件等要妥善处理,下课后还原实训室所有设备和工具,并保持实训室的卫生和整洁。

 **知识目标**

① 掌握单片机中断相关的基本概念。

② 掌握中断控制寄存器各位的功能及中断标志的功能。

③ 掌握中断服务程序的编写方法。

④ 掌握单片机片外中断的具体使用特点。

⑤ 掌握单片机中断系统的应用方法。

能力目标

① 能正确选用中断源,会设置中断源的优先级。

② 利用单片机中断系统设计构建流水灯中断控制的应用系统,能绘制单片机硬件原理图,会编写控制主程序和外部终端服务程序。

③ 在编程过程中会设置中断控制寄存器。

④ 在编程过程中会处理中断标志位的清除。

⑤ 能设计并画出电路仿真图,并进行软硬件的联合调试。

 **切入方法**

采用"项目引领、任务驱动"的教学方式,通过实际项目的分析与实施,着重介绍单片机外部中断的使用方法。概念的讲解可采用与生活中的具体事例进行类比的方法进行,便于学生理解。

任务 4.1　中断控制流水灯

4.1.1　任务书

学生学号		学生姓名		成绩	
任务名称	中断控制流水灯	学时	6	班级	
实训材料与设备	参阅 4.1.5 节	实训场地		日期	
任务	利用 51 单片机的中断功能,设计一个 8 盏 LED 流水灯的效果控制系统。				
目标	1) 进一步熟悉 51 单片机外部引脚线路的连接。 2) 掌握常用的 51 单片机指令。 3) 学习单片机的中断控制和中断嵌套功能。 4) 掌握单片机全系统调试的过程及方法。 5) 培养学生良好的工程意识、职业道德和敬业精神。				
(一) 资讯问题					
1) 什么是中断和中断系统? 其主要功能是什么? 2) MCS-51 单片机提供了几个中断源? 有几个中断优先级? 各中断标志是如何产生的? 如何清除这些中断标志? 各中断源对应的中断向量地址分别是多少? 3) 说明中断优先级的处理原则。 4) 说明中断响应时,什么情况下需要保护现场? 如何保护? 5) 外中断有几种触发方式? 如何选择? 在何种触发方式下需要在外部设置中断请求触发器? 为什么? 6) 说明外部中断请求的查询和响应过程。 7) 试编写一段对中断系统初始化的程序,使之允许 $\overline{INT0}$、$\overline{INT1}$、T0、串行口中断,且使 T0 中断为高优先级中断。					
(二) 决策与计划					
决策: 1) 分组讨论,分析所给 AT89C51 单片机的中断设置。 2) 查找资料,确定中断控制流水灯单片机系统的工作原理。 3) 每组选派一位成员汇报任务结果。					

计划：
1）根据操作要求,使用相关知识和工具按步骤完成相关内容。
2）列出设计单片机应用系统时需注意的问题。
3）确定本工作任务需要使用的工具和辅助资料,填写下表：

项目名称			
各工作流程	使用的工具	辅助资料	备注

（三）实施

1）根据控制要求用 Proteus 软件绘制电路原理图。
2）用 Keil 软件编写、调试程序。
3）用 Proteus、Keil 联合仿真调试,达到控制要求。
4）将调试无误后的程序下载到单片机中。
5）根据原理图,在提供的电路万用板上合理地布置电路所需元器件,并进行元器件、引线的焊接。
6）检查元器件的位置是否正确、合理,各焊点是否牢固可靠、外形美观,最后对整个单片机进行调试,检查是否符合任务要求。
7）思考在工作过程中如何提高效率。
8）对整个工作的完成情况进行记录。

（四）检查（评估）

检查：
1）学生填写检查单。
2）教师填写评价表。
评估：
1）小组讨论,自我评述完成情况及发生的问题,并将问题写入汇报材料。
2）小组共同给出提高效率的建议,并将建议写入汇报材料。
3）小组准备汇报材料,每组选派一人进行汇报。
4）整理相关资料,列表说明项目资料及资料来源,注明存档情况。

项目名称		
项目资料名称	资料来源	存档备注

(续表)

5）上交资料备注。

项目名称	
上交资料名称	

6）备注（需要注明的内容）

引领知识

4.1.2 单片机的中断系统

1. 中断的基本概念

1）概念

中断是指计算机在执行某一程序的过程中，由于计算机系统内、外的某种原因而必须中止原程序的执行，转去执行相应的处理程序，待处理结束之后，再回来继续执行被中止的原程序的过程（图 4-1）。

中断需要解决两个主要问题：如何从主程序转到中断服务程序和如何从中断服务程序返回主程序。

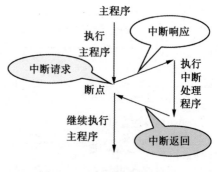

图 4-1 中断处理过程

2）特点

（1）分时操作：解决了快速 CPU 与慢速外设之间的矛盾，可使 CPU 与外设并行工作。这样，CPU 可启动多个外设同时工作，大大提高了工作效率。

（2）实时处理：实时处理控制系统中许多随机产生的参数与信息，即计算机具有实时处理的能力，从而提高了控制系统的性能。

（3）故障处理：使系统具备处理故障的能力，如处理掉电、存储出错、运算溢出等故障，从而提高了系统自身的可靠性。

3）与中断相关的几个概念

（1）中断服务子程序：中断之后处理的程序，也称为中断处理子程序。

（2）主程序：原来正常执行的程序。

（3）中断源：发出中断申请的信号或引起中断的事件。

（4）中断请求：CPU 接收到中断源发出的申请信号。

（5）中断响应：接收中断申请，转到相应中断服务子程序处执行。

（6）断点：主程序被断开的位置（即地址），转入中断程序的位置。

（7）中断入口地址：中断响应后，中断程序执行的首地址。

（8）中断返回：从中断服务程序返回主程序。

2. MCS-51 单片机的中断系统及其管理

1）MCS-51 中断系统的结构（图 4-2）

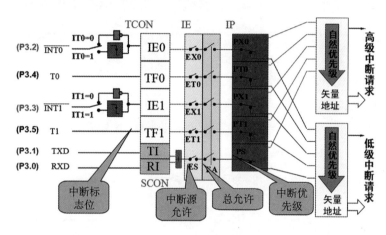

图 4-2　中断系统结构图

2）中断源（图 4-3）

外部输入中断源 $\overline{\text{INT0}}$（P3.2）

外部输入中断源 $\overline{\text{INT1}}$（P3.3）

片内定时器 T0 的溢出（P3.4）

片内定时器 T1 的溢出（P3.5）

片内串行口发送或接收中断源

3）特殊功能寄存器 TCON 和 SCON

（1）中断控制寄存器 TCON（表 4-1）

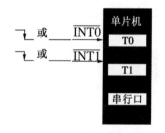

图 4-3　中断示意图

表 4-1　中断控制寄存器 TCON

TCON	7	6	5	4	3	2	1	0
88H	TF1		TF0		IE1	IT1	IE0	IT0
位地址	8F		8D		8B	8A	89	88

① TF1（TCON.7）：定时器 1 溢出标志位。

② TF0(TCON.5)：定时器 0 溢出标志位。

③ IE1(TCON.3)：外部中断 1 标志位，$\overline{INT1}$ 出现下降沿或低电平→IE1＝1。

④ IT1(TCON.2)：外部中断 1 类型控制位，1＝下降沿触发；0＝低电平触发。

⑤ IE0(TCON.1)：外部中断 0 标志位，$\overline{INT0}$ 出现下降沿或低电平→IE0＝1。

⑥ IT0(TCON.0)：外部中断 0 类型控制位，1＝下降沿触发；0＝低电平触发。

（2）串行口控制寄存器 SCON（表 4-2）

表 4-2　串行口控制寄存器 SCON

SCON	7	6	5	4	3	2	1	0
98H							TI	RI
位地址							99	98

① TI（SCON.1）：串行发送中断标志。

② RI（SCON.0）：串行接收中断标志。

4）中断的开放与禁止

MCS-51 系列单片机的 5 个中断源都是可屏蔽中断，由中断系统内部的专用寄存器 IE 负责控制各中断源的开放或屏蔽（表 4-3）。

表 4-3　IE 寄存器

IE	7	6	5	4	3	2	1	0
A8H	EA			ES	ET1	EX1	ET0	EX0
位地址	AF			AC	AB	AA	A9	A8

例：允许定时器 T0 中断：

```
    SETB  EA              位操作指令
    SETB  ET0
或  MOV   IE,#82H         字节操作指令
或  MOV   0A8H,#82H
```

用 C 语言表达即是 EA＝1；ET0＝1；或者 IE＝0x82。

5）中断优先权的处理

MCS-51 中断系统设立了两级优先级——高优先级和低优先级，可以程序设置 5 个中断源优先级，由中断优先级寄存器 IP 进行控制（表 4-4）。

表 4-4　IP 寄存器

IP	7	6	5	4	3	2	1	0
B8H				PS	PT1	PX1	PT0	PX0
位地址				BC	BB	BA	B9	B8

51 单片机有两个中断优先级：高级和低级（图 4-4）。专用寄存器 IP 为中断优先级寄存器，用户可用软件设定。相应位为 1，对应的中断源被设置为高优先级；相应位为 0，对应的中断源被设置为低优先级。系统复位时，均为低优先级。

该寄存器可以位寻址。同一级中的 5 个中断源的优先顺序是（中断优先原则）：

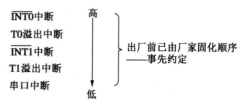

（1）低级不打断高级；

（2）高级不睬低级；

（3）同级不能打断；

（4）同级、同时中断，事先约定。

图 4-4　中断优先级

6）中断处理过程

中断处理过程可分为中断响应、中断处理和中断返回三个阶段。

（1）中断响应

中断响应是 CPU 对中断源中断请求的响应，包括保护断点和将程序转向中断服务程序的入口地址（通常称矢量地址）。首先，中断系统通过硬件自动生成长调用指令（LACLL），该指令将自动把断点地址压入堆栈保护（不保护累加器 A、状态寄存器 PSW 和其他寄存器的内容）。然后，将对应的中断入口地址装入程序计数器 PC（由硬件自动执行），使程序转向该中断入口地址，执行中断服务程序。MCS-51 系列单片机各中断源的入口地址由硬件事先设定，分配如图 4-5。

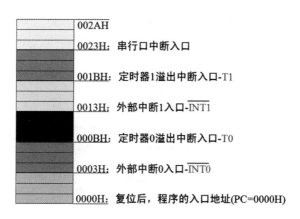

图 4-5　各中断源的入口地址

使用时，通常在这些中断入口地址处存放一条绝对跳转指令，使程序跳转到用户安排的中断服务程序的起始地址上去。

（2）中断处理

中断处理就是执行中断服务函数。中断服务函数从中断入口地址开始执行，直到函数结束为止。中断处理一般包括三部分内容：一是保护现场，二是完成中断源请求服务，三是恢复现场。

（3）中断返回

中断返回是指中断服务完成后,计算机返回原来断开的位置(即断点),继续执行原来的程序。中断返回由中断返回指令 RETI 来实现。该指令的功能是把断点地址从堆栈中弹出,送回程序计数器 PC。此外,还通知中断系统已完成中断处理,并同时清除优先级状态触发器。特别要注意不能用"RET"指令代替"RETI"指令。

（4）中断请求撤除

CPU 响应某中断请求后,在中断返回前,应该撤除该中断请求,否则会引起另一次中断。

定时器 0 或 1 溢出:CPU 在响应中断后,硬件清除了有关的中断请求标志 TF0 或 TF1,即中断请求是自动撤除的。

边沿触发的外部中断(IT0 或 IT1＝1):CPU 在响应中断后,也是用硬件自动清除有关的中断请求标志 IE0 或 IE1。

串行口中断:CPU 响应中断后,没有用硬件清除 TI、RI,故这些中断不能自动撤除,而要靠软件来清除相应的标志。

7) 外部中断源的扩展

单片机仅有两个外部中断输入端 $\overline{INT0}$、$\overline{INT1}$,可用两种方法扩展:

（1）定时器 T0、T1。（工作在计数方式下）

（2）中断和查询结合。

如图 4-6 所示,利用单片机扩展 5 个外部中断源,中断的优先次序为 X0～X4,其中 X0 接到外部中断 0 上,X1～X4 接到外部中断 1 上;单片机的 P1.4～P1.7 接 4 个发光二极管用来作输出指示;当有 X1～X4 其中一个外部中断发生时,相应的发光二极管 D1～D4 点亮;当 X0 外部中断发生时,4 个发光二极管全亮。

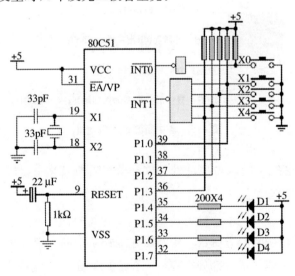

图 4-6　外部中断源扩展实例

5 个外部中断源的排队顺序为：

$$X0 \rightarrow X1 \rightarrow X2 \rightarrow X3 \rightarrow X4$$

最高优先级──最低优先级

程序如下：

```
ORG    0000H
AJMP   MAIN
ORG    0030H
ORG    0003H              ;中断服务程序入口地址 AJMP  ZHD0
ORG    0013H              ;中断服务程序入口地址 AJMP  ZHD1
ORG    0030H
MAIN：MOV   SP,#70H       ;设置堆栈指针
SETB   IT0                ;设置外部中断 0 为边沿触发方式
SETB   IT1                ;设置外部中断 1 为边沿触发方式
MOV    IP,#00000001B      ;设置外部中断 0 为最高优先级
MOV    IE,#10000101B      ;开放外部中断 0 及外部中断 1
MOV    A,#0FFH            ;关闭发光二极管
MOV    P1,A
LOOP：AJMP    LOOP
ZHD0：PUSH   PSW          ;保护现场
PUSH       A
MOV    A,#0FH             ;4 个发光二极管全亮
MOV    P1,A
POP        A             ;恢复现场
POP    PSW
RETI                      ;中断返回
ZHD1：PUSH   PSW          ;保护现场
PUSH       A
ORL    P1,#0FH            ;读取 P1 口的低 4 位
JNB    P1.0,IN1           ;中断源查询,并转向相应的中断服务程序
JNB    P1.1,IN2
JNB    P1.2,IN3
JNB    P1.3,IN4
FH1：POP        A         ;恢复现场
POP    PSW
RETI
IN1：MOV    A,#11101111B  ;中断服务程序 1
MOV    P1,A               ;D1 发光二极管亮
AJMP      FH1
```

```
IN2：   MOV     A，♯11011111B          ;中断服务程序 2
        MOV     P1，A                  ;D2 发光二极管亮
        AJMP    FH1
IN3：   MOV     A，♯10111111B          ;中断服务程序 3
        MOV     P1，A                  ;D3 发光二极管亮
        AJMP    FH1
IN4：   MOV     A，♯01111111B          ;中断服务程序 4
        MOV     P1，A                  ;D4 发光二极管亮
        AJMP    FH1
        END
```

训练技能

4.1.3 引导文（学生用）

学习领域	单片机小系统设计与制作
项目	基于单片机中断控制的产品设计与制作
工作任务	中断控制流水灯
学时	6 课时
任务描述：用单片机组成一个最小应用系统，利用 P1 口控制 8 个发光二极管：当无按键按下时，LED 不亮；当 K1 按下时，LED 向上流水；当 K0 按下时，LED 向下流水。K1 按下的流水效果中按下 K0 有效，反之无效。	
学习目标：掌握单片机的中断控制和中断嵌套功能。 掌握单片机全系统调试的过程及方法。 熟练掌握汇编语言程序设计的基本方法。 理解霓虹灯控制电路的构成、工作原理和电路中各器件的作用，并对电路进行分析和计算。	
资讯阶段	将学生按 6 人一组分成若干个小组，确定小组负责人。 小组名称：　　　　小组负责人：　　　小组成员： 1. 什么是单片机的中断功能？ 2. MCS-51 单片机的中断源有哪些？ 3. MCS-51 单片机的中断嵌套如何实现？ 4. 中断嵌套的返回问题。
计划、决策阶段	1. 每小组再按 2 人一组分成 3 个小分组。 2. 明确任务，并确定准备工作。 3. 小组讨论，进行合理分工，确定实施顺序。 请根据学时要求作出团队工作计划表：

分组号	成员	完成时间	责任人

（续表）

实施阶段	实施流程： 1. 根据控制要求用 Proteus 软件绘制电路原理图。 2. 用 Keil 软件编写、调试程序。 3. Proteus、Keil 联合仿真调试，达到控制要求。 4. 将调试无误后的程序下载到单片机中。 5. 根据原理图，在提供的电路万用板上合理地布置电路所需元器件，并进行元器件、引线的焊接。 6. 检查元器件的位置是否正确、合理，各焊点是否牢固可靠、外形美观，最后对整个单片机进行调试，检查是否符合任务要求。 7. 思考在工作过程中如何提高效率。 8. 对整个工作的完成情况进行记录。
检查阶段	1. 效果检查：各小组先自己检查控制效果是否符合要求。 2. 检验方法的检查：小组中一人对观测成果的记录、计算进行检查，其他人评价其操作的正确性及结果的准确性。 3. 资料检查：各小组上交前应先检查需要上交的资料是否齐全。 4. 小组互检：各小组将资料准备齐全后，交由其他小组进行检查，并请其他小组给出意见。 5. 教师检查：各小组资料及成果检查完毕后，最后由教师进行专项检查，并进行评价，填写评价记录。

一、评分办法和分值分配如下：

内　容	分值	扣分办法
1. 原理图绘制	20 分	每处错误扣 2 分
2. 程序设计	20 分	每处错误扣 2 分
3. 联合仿真	20 分	无效果扣 15 分，效果错误扣 10 分
4. 硬件制作	20 分	每错一项扣 5 分
5. 出勤状况	20 分	迟到 5 min 扣 5 分，迟到 1 h 扣 10 分，2 h 扣 20 分，缺勤半天扣 20 分

注：
1. 每人必须在规定时间内完成任务。
2. 如超时完成任务，则每超过 10 min 扣减 5 分。
3. 小组完成后及时报请验收并清场。

二、进行考核评估

小组自评与互评成绩评定表

学生姓名＿＿＿＿＿　　教师＿＿＿＿＿　　班级＿＿＿＿＿　　学号＿＿＿＿＿

序号	考评项目	分值	考核办法	成员名单				
1	学习态度	20	出勤率、听课态度、实训表现等					
2	学习能力	20	回答问题、完成学生工作的质量					
3	操作能力	40	成果质量					
4	团结协作精神	20	以所在小组完成工作的质量、速度等进行评价					
自评与互评得分								

1) 参考原理图(图 4-7)

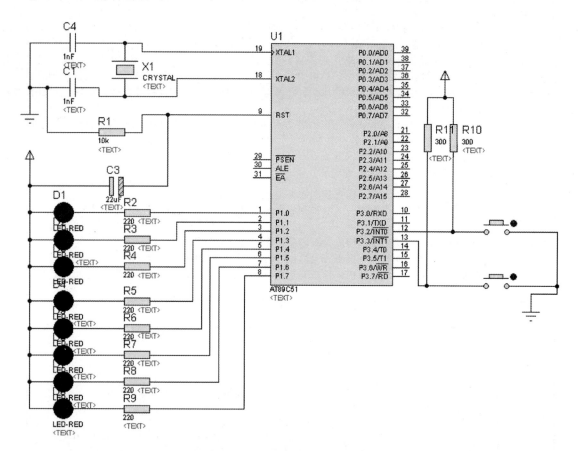

图 4-7 中断控制流水灯原理图

2) 参考程序

(1) 汇编语言

```
        ORG    0000H
        AJMP   MAIN
        ORG    0030H
        ORG    0003H
        LJMP   ZHD0
        ORG    0013H
        LJMP   ZHD1
        ORG    0100H
MAIN:   MOV    SP,#70H
        SETB   IT0
        SETB   IT1
        MOV    IP,#00000001B
```

```
        MOV     IE,＃10000101B
LOOP：  MOV A,＃0FFH
        MOV P1,A
        SJMP LOOP
ZHD0：  PUSH ACC
        MOV R1,＃16
        MOV A,＃0FEH
LP0：    MOV P1,A
        LCALL DELAY
        RL A
        DJNZ R1，LP0
        POP ACC

        RETI
ZHD1：
        MOV R2,＃16
        MOV A,＃7FH
LP1：    MOV P1,A
        LCALL DELAY
        RR A
        DJNZ R2,LP1
        RETI
DELAY：  MOV R4，＃10
DEL0：   MOV R5,＃50
DEL1：   MOV R6,＃250
DEL2：   NOP
        NOP
        DJNZ R6,DEL2
        DJNZ R5,DEL1
        DJNZ R4,DEL0
        RET
        END
```

（2）C 语言

```
＃include＜reg52. h＞
＃include＜intrins. h＞
＃define uint unsigned int
```

```
#define uchar unsigned   char
sbit led1=P1^0;
uchar num;
void   delay(uint xms)
{
  uint i,j;
  for(i=xms;i>0;i——)
  for(j=100;j>0;j——);
}
void main()
{
  EA=1;
  EX0=1;
  EX1=1;
  PX1=1;
  PX0=0;
  while(1);
}
void   w_zduan() interrupt 0
{
  uint aa;
  aa=0x01;
  while(1)
  {
      P1=aa;
    delay(500);
    aa=_cror_(aa,1);
  }
}
void   w_zduan() interrupt 2
{
  uint aa;
  aa=0x01;
  while(1)
  {
      P1=aa;
    delay(500);
```

```
        aa＝_crol_(aa,1);
    }
}
```

3）软件仿真效果(图 4-8)

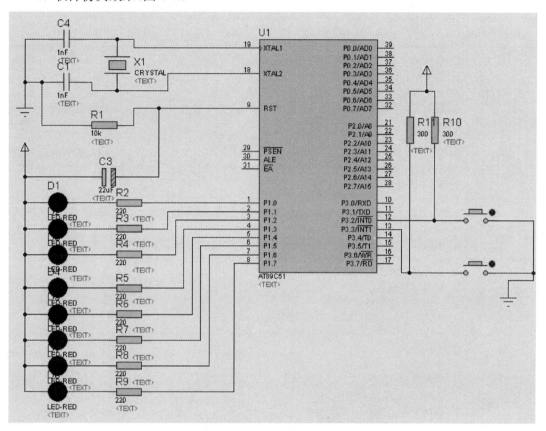

图 4-8　中断控制流水灯软件仿真效果图

4）参考硬件成品(图 4-9)

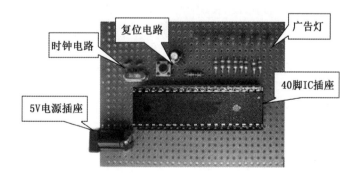

图 4-9　流水灯硬件制作实物图

4.1.4 任务设计（老师用）

学习领域	单片机小系统设计与制作		
工作项目	基于单片机中断控制的产品设计与制作		
工作任务	中断控制流水灯	学时	6
学习目标	1. 掌握单片机的中断控制和中断嵌套功能。 2. 掌握单片机全系统调试的过程及方法。 3. 熟练掌握汇编语言程序设计的基本方法。 4. 理解霓虹灯控制电路的构成、工作原理和电路中各器件的作用，并对电路进行分析和计算。		
工作任务描述	用单片机组成一个最小应用系统，利用 P1 口控制 8 个发光二极管：当无按键按下时，LED 不亮；当 K1 按下时，LED 向上流水；当 K0 按下时，LED 向下流水。K1 按下的流水效果中按下 K0 有效，反之无效。		
学习任务设计	1. 设计、绘制中断控制的单片机控制系统原理图，编写调试程序，并联合仿真，实现控制要求。 2. 根据软件仿真结果，利用万用板制作霓虹灯的单片机控制系统实物。		
提交成果	1. 软件仿真效果（含原理图、程序）。 2. 制作硬件成品。 3. 自评与互评评分表。 4. 作业。		
学习内容	学习重点： 1. 中断功能。 2. 中断嵌套。 3. Proteus、Keil 软件的使用。 4. 硬件制作工艺。 学习难点： 1. 中断嵌套。 2. Proteus、Keil 软件的使用。		
教学条件	1. 教学设备：单片机试验箱、计算机。 2. 学习资料：学习材料、软件使用说明、焊接工艺流程、视频资料。 3. 教学场地：一体化教室、一体化实训场。		
教学设计与组织	一、咨询阶段 1. 教师展示控制效果，引导学生分解控制要求。（教师引导学生思考） 2. 讲解单片机中断控制功能。（教师讲解，动画展示） 3. 讲解中断指令。（教师讲解与示范，学生模仿） 4. 讲解软件使用方法。（教师讲解与示范，学生模仿） 5. 讲解联合仿真。（教师讲解与示范，学生模仿） 6. 讲解硬件制作。（教师讲解与示范，学生模仿） 7. 安排工作任务。（6 名学生一组） 二、计划、决策阶段 1. 明确任务。 2. 小组讨论，分成 3 个小分组，进行分工协作安排。		

教学条件	三、实施阶段 1. 先根据控制要求绘制原理图。（学生操作，教师指导） 2. 按原理图编写调试程序，并联合仿真，根据控制效果调试程序或修改原理图。（学生操作，教师指导） 3. 下载程序到单片机，并进行硬件制作。（学生操作，教师指导） 四、检查阶段 各小组先自己检查控制效果是否符合要求，然后由小组之间互相检查，最后指导教师检查确认。（以学生自查为主、教师指导为辅） 五、评估阶段 1. 各小组选出一人陈述施测过程和成果，指导教师对实施过程和成果进行点评。 2. 根据个人自评、小组互评和教师评价进行综合成绩评定。					
考核标准 （100 分）	成果评定（50 分）	教师根据学生提交成果的准确性和完整性评定成绩，占 50%。				
	学生自评（10 分）	学生根据自己在任务实施过程中的作用及表现进行自评，占 10%。				
	小组互评（15 分）	根据工作表现、发挥的作用、协作精神等，小组成员互评，占 15%。				
	教师评价（25 分）	根据考勤、学习态度、吃苦精神、协作精神，职业道德等进行评定； 根据任务实施过程每个环节及结果进行评定； 根据实习报告质量进行评定； 综合以上评价，占 25%。				

4.1.5　工具、设备及材料

工具：电烙铁、吸锡器、镊子、剥线钳、尖嘴钳、斜口钳等。

设备：单片机试验箱、万用表、计算机等。

材料：AT89C51 单片机一块，LED 8 个，按键开关 2 个，相关电阻、电容一批，晶振一个，电路万用板一块，导线若干，焊锡丝，松香等。

4.1.6　成绩报告单（以小组为单位和以个人为单位）

序号	工作过程	主要内容	评分标准	分配	学生（自评）		教师	
					扣分	得分	扣分	得分
1	资讯 （10 分）	任务相关 知识查找	查找相关知识，该任务知识掌握度 达到 60%，扣 5 分	10				
			查找相关知识，该任务知识掌握度 达到 80%，扣 2 分					
			查找相关知识，该任务知识掌握度 达到 90%，扣 1 分					
2	决策计划 （10 分）	确定方案 编写计划	制定整体方案，实施过程中 修改一次，扣 2 分	10				

(续表)

序号	工作过程	主要内容	评分标准	分配	学生（自评）		教师	
					扣分	得分	扣分	得分
3	实施 （10 分）	记录实施过程步骤	实施过程中，步骤记录不完整达到 10％，扣 2 分	10				
			实施过程中，步骤记录不完整达到 20％，扣 3 分					
			实施过程中，步骤记录不完整达到 40％，扣 5 分					
4	检查评价 （60 分）	小组讨论	自我评述完成情况	5				
			小组效率	5				
		整理资料	设计规则和工艺要求的整理	5				
			参观了解学习资料的整理	5				
4	检查评价 （60 分）	设计制作过程	设计制作过程的记录	10				
			焊接工艺的学习	5				
			外围元器件的识别	5				
			程序下载工具的学习	5				
			工厂参观过程的记录	5				
			常见编译软件的学习	10				
5	职业规范 团队合作 （10 分）	安全生产	安全文明操作规程	3				
		组织协调	团队协调与合作	3				
		交流与表达能力	用专业语言正确流利地简述任务成果	4				
	合计			100				
学生自评总结								
教师评语								
学生签字		年　月　日	教师签字		年　月　日			

4.1.7　思考与训练

一、选择题

1. 当 CPU 响应外部中断 0 的中断请求后，程序计数器 PC 的内容是（　　）。

A. 0003H　　　　　B. 000BH　　　　　C. 0013H　　　　　D. 001BH

2. MCS-51 单片机在同一级别里除串行口外,级别最低的中断源是(　　)。

A. 外部中断 0　　　　B. 外部中断 1　　　　C. 定时器 0　　　　D. 定时器 1

3. 在中断系统初始化时,不包括的寄存器为(　　)。

A. TCON　　　　　　B. IP　　　　　　　　C. IE　　　　　　　　D. PSW

4. 当外部中断 0 发出中断请求后,中断响应的条件是(　　)。

A. SETB ET0　　　　　　　　　　　B. SETB EX0

C. MOV IE,♯81H　　　　　　　　　D. MOV IE,♯61H

5. MCS-51 单片机 CPU 开放中断的指令是(　　)。

A. SETB ES　　　　B. SETB EA　　　　C. CLR EA　　　　D. SETB EX0

6. 在程序运行中若不允许外部中断源 1 中断,应该对下列哪一位清零(　　)。

A. EA　　　　　　　B. EX0　　　　　　　C. ET0　　　　　　　D. EX1

7. MCS-51 单片机响应中断的过程是(　　)。

A. 断点 PC 自动压栈,对应中断矢量地址装入 PC

B. 关中断,程序转到中断服务程序

C. 断点压栈,PC 指向中断服务程序地址

D. 断点 PC 自动压栈,对应中断矢量地址装入 PC,程序转到该矢量地址,再转至中断

二、编程题

1. 利用 89S51 的 P1 口 ,检测某一按键开关,使每按键一次,输出一个正脉冲(宽度任意)。用中断和查询两种方式实现,画出电路并编写程序。

2. 试用中断实现下面的设计要求:设计一个电路,按键 K1 和 K2 都可以控制 8 个 LED,当按下按键 K1 时,8 个 LED 闪烁 5 次,亮灭时间为 0.5 s;当按下按键 K2 时,先使单个灯从左至右移动点亮两轮,然后再使单个灯从右至左移动点亮两轮,移动的间隔时间为 0.5 s。

3. 用外部中断 0 和外部中断 1 设计一个选举器,假设有甲、乙两人参加竞选,甲设一个键,乙设一个键,50 人参加投票,选出得票多的人选。

任务 4.2　音乐播放器

4.2.1　任务书

学生学号		学生姓名		成绩	
任务名称	音乐播放器	学时	6	班级	
实训材料与设备	参阅 4.2.7 节	实训场地		日期	
任务	设计一个音乐播放器,按下开关后播放《军港之夜》。				
目标	1) 深刻理解并掌握定时/计数器的作用和编程方法。 2) 进一步熟悉 MCS-51 单片机外部引脚的使用方法。 3) 掌握单片机全系统调试的过程及方法。 4) 培养学生良好的工程意识、职业道德和敬业精神。				

（一）资讯问题

1) 定时/计数器用作定时器时,其定时时间与哪些因素有关? 用作计数器时,对外部计数脉冲有何要求?
2) 当定时器 T0 工作在方式 3 时,由于 TR1 被 T0 占用,如何控制定时器 T1 的开启和关闭?
3) 定时工作方式 2 有什么特点? 适用于什么场合?
4) 定时/计数器工作在方式 0 时,其计数初值如何计算?
5) 设单片机的晶振频率为 6 MHz,适用定时器 T0 产生一个 50 Hz 的方波,由 P1.0 输出,请编程实现。
6) 设晶振频率为 6 MHz,定时器 T0 工作在定时,方式 1,定时时间为 2 ms。每当定时时间到,申请中断,在中断服务程序中将累加器 A 的内容左环移 1 次,送 P1.0 输出,设 A 的初始值为 01H,请编程实现。

（二）决策与计划

决策:
1) 分组讨论定时/计数器 T0 和 T1 的 4 种工作方式。
2) 查找资料,确定音乐播放器的单片机应用系统电路的工作原理。
3) 针对任务编程调试。
4) 每组选派一位成员汇报任务结果。
计划:
1) 根据操作要求,使用相关知识和工具按步骤完成相关内容。
2) 列出设计单片机应用系统时需注意的问题。
3) 确定本工作任务需要使用的工具和辅助资料,填写下表。

项目名称			
各工作流程	使用的工具	辅助资料	备注

（三）实施
1）根据控制要求用 Proteus 软件绘制电路原理图。 2）用 Keil 软件编写、调试程序。 3）Proteus、Keil 联合仿真调试，达到控制要求。 4）将调试无误后的程序下载到单片机中。 5）根据原理图，在提供的电路万用板上合理地布置电路所需元器件，并进行元器件、引线的焊接。 6）检查元器件的位置是否正确、合理，各焊点是否牢固可靠、外形美观，最后对整个单片机进行调试，检查是否符合任务要求。 7）思考在工作过程中如何提高效率。 8）对整个工作的完成情况进行记录。
（四）检查（评估）
检查： 1）学生填写检查单。 2）教师填写评价表。 评估： 1）小组讨论，自我评述完成情况及发生的问题，并将问题写入汇报材料。 2）小组共同给出提高效率的建议，并将建议写入汇报材料。 3）小组准备汇报材料，每组选派一人进行汇报。 4）整理相关资料，列表说明项目资料及资料来源，注明存档情况。

项目名称		
项目资料名称	资料来源	存档备注

5）上交资料备注。

项目名称	
上交资料名称	

6）备注（需要注明的内容）

引领知识

4.2.2 定时/计数器

1. 定时器 0 和定时器 1

1) 定时/计数器的组成框图

由图 4-10 可知,8051 单片机定时/计数器由定时器 0(T0)、定时器 1(T1)、定时器方式寄存器 TMOD 和定时器控制寄存器 TCON 组成。

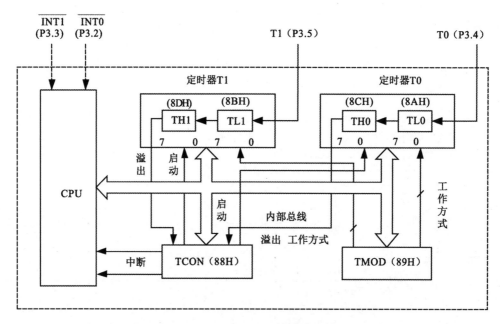

图 4-10 8051 定时/计数器逻辑结构图

其中,T0 和 T1 是 16 位的加 1 计数器(分为高 8 位和低 8 位),TMOD 是定时/计数器方式寄存器,用于工作方式设置;TCON 是定时/计数器控制寄存器,用于定时/计数器的启动、停止及设置溢出标志。

2) 定时/计数器的工作原理

定时功能——计数脉冲信号:内部振荡电路经 12 分频后输出的脉冲进行加 1 计数,所以计数频率是振荡频率的 1/12,即 $f_c = 1/12 \times f_{osc}$。

计数功能——计数脉冲信号:来自外部输入引脚(T0 为 P3.4,T1 为 P3.5)的负跳变信号进行加 1 计数,$f_c = 1/24 \times f_{osc}$。

由 TMOD 中的控制位(C/T)来决定 T0 和 T1 是工作在定时器方式还是计数器方式。

3) 定时/计数器的方式寄存器和控制寄存器

定时/计数器控制寄存器 TCON(88H)见图 4-11。

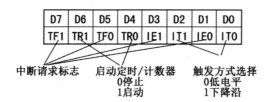

中断请求标志　　启动定时/计数器　　触发方式选择
　　　　　　　　　　0停止　　　　　　　0低电平
　　　　　　　　　　1启动　　　　　　　1下降沿

图 4-11　定时/计数器控制寄存器 TCON

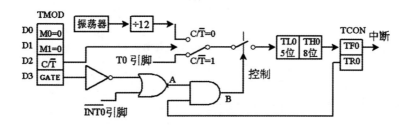

工作方式控制寄存器 TMOD(89H)见图 4-12。

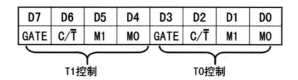

图 4-12　工作方式控制寄存器 TMOD

GATE ── 门控位。

GATE ＝ 0　启动受 TR0(或 TR1)一位控制；

GATE ＝ 1　启动受 TR0 和 /INT0 (或 TR1 和 /INT1)两位控制。

C/T ── 外部计数器／定时器方式选择位。

C/T ＝ 0 定时方式；

C/T ＝ 1 计数方式。

M1 M0── 工作模式选择位(编程可决定四种工作模式)。

表 4-5　工作模式选择位

M1 M0	工作方式	功能说明
0　　0	方式 0	13 位计数器
0　　1	方式 1	16 位计数器
1　　0	方式 2	自动再装入 8 位计数器
1　　1	方式 3	定时器 0:分成两个 8 位计数器;定时器 1:停止计数

2. 定时器/计数器的工作方式

1）方式 0～13 位方式

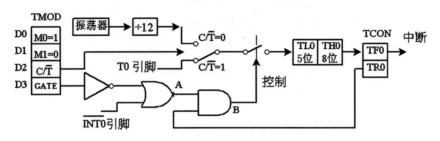

图 4-13　定时器 T0 的工作方式 0

定时时间：$t = (2^{13} - 定时器初值) \times 12/f_{osc}(\mu s)$。

例：假设晶振频率是 12 MHz，用定时器 1 方式 0 实现 1 s 的延时。

解：因方式 0 采用 13 位计数器，其最大定时时间为 $2^{13} \times 1\ \mu s = 8\ 192 \times 1\ \mu s = 8.192\ ms$，因此，可选择定时时间为 5 ms，再循环 200 次。定时时间选定后，再确定计数值为 5 000，则定时器 1 的初值为：

$$X = M - 计数值 = 8\ 192 - 5\ 000 = 3\ 192 = C78H$$
$$= 0110001111000B$$

因 13 位计数器中 TL1 的高 3 位未用，应填写 0，TH1 占高 8 位，所以，X 的实际填写值应为：

$$X = 0110001100011000B = 6318H$$

即：TH1 = 63H，TL1 = 18H，又因采用方式 0 定时，故 TMOD = 00H。

可编得 1 s 延时子程序如下：

```
DELAY：MOV     R3，#200            ;置 5 ms 计数循环初值
MOV        TMOD，#00H            ;设定时器 1 为方式 0
MOV        TH1，#63H             ;置定时器初值
MOV        TL1，#18H
SETB       TR1                  ;启动 T1
LP1：  JBC     TF1，LP2          ;查询计数溢出
SJMP       LP1                  ;未到 5 ms 继续计数
LP2：  MOV     TH1，#63H         ;重新置定时器初值
MOV        TL1，#18H
DJNZ       R3，LP1              ;未到 1 s 继续循环
RET
```

2）方式 1——16 位方式

定时时间：$t = (2^{16} - 定时器初值) \times 12/f_{osc}(\mu s)$。

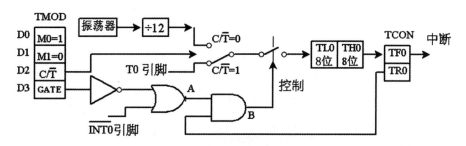

图 4-14　定时器 T0 的工作方式 1

3) 方式 2——8 位自动装入时间常数方式

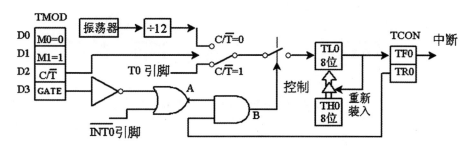

图 4-15　定时器 T0 的工作方式 2

定时时间：$t = (2^8 - 定时器初值) \times 12/f_{osc}(\mu s)$。

例：假设晶振频率是 12 MHz，试用定时器 1 方式 2 实现 1 s 的延时。

解：因为方式 2 是 8 位计数器，其最大定时时间为：$2^8 \times 1\ ms = 256\ ms$。为实现 1 s 延时，可选择定时时间为 250 ms，再循环 4 000 次。定时时间选定后，可确定计数值为 250，则定时器 1 的初值为：

$$X = M - 计数值 = 256 - 250 = 6 = 6H$$

采用定时器 1 方式 2 工作，因此，TMOD=20H。

可编得 1 s 延时子程序如下：

```
DELAY: MOV   R5,#28H       ;置 1 s 计数循环初值
MOV    R6,#64H            ;置 25 ms 计数循环初值
MOV    TMOD,#20H          ;置定时器 1 为方式 2
MOV    TH1,#06H           ;置定时器初值,延时 250 μs
MOV    TL1,#06H
SETB   TR1                ;启动定时器
LP1:   JBC   TF1,LP2      ;查询计数溢出
SJMP   LP1                ;无溢出则继续计数
LP2:   DJNZ  R6,LP1       ;未到 25 ms 继续循环
MOV    R6,#64H
```

183

```
DJNZ      R5,LP1                    ;未到 1 s 继续循环
RET
```

4) 方式 3——2 个 8 位计数器方式

仅 T0 可以工作在方式 3,此时 T0 分成两个独立的计数器——TL0 和 TH0。前者用原来 T0 的控制信号(TR0、TF0),后者用原来 T1 的控制信号(TR1、TF1)(图 4-16)。

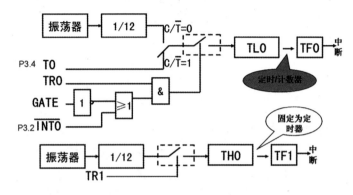

图 4-16   定时器 T0 的工作方式 3

二者的定时时间分别是:

TL0:$t = (2^8 - \text{TL0 初值}) \times 12/f_{\text{osc}}(\mu\text{s})$;

TL1:$t = (2^8 - \text{TL1 初值}) \times 12/f_{\text{osc}}(\mu\text{s})$。

此时定时器 T1 仍然可设置成方式 0、1 或 2,但 TR1 和 TF1 被定时器 T0 占用,一般用作串行口波特率发生器或不需要中断的场合。

例:假设晶振频率是 12 MHz,用定时器 T0 方式 3 实现 1 s 的延时。

解:根据题意,定时器 T0 中的 TH0 只能为定时器,定时时间可设为 250 ms;TL0 设置为计数器,计数值可设为 200。TH0 计满溢出后,用软件复位的方法使 T0(P3.4)引脚产生负跳变,TH0 每溢出一次,T0 引脚便产生一个负跳变,TL0 便计数一次。TL0 计满溢出时,延时时间应为 50 ms,循环 20 次便可得到 1 s 的延时。

由上述分析可知:

TH0 计数初值为:$X = (256 - 250) = 6 = 06\text{H}$;

TL0 计数初值为:$X = (256 - 200) = 56 = 38\text{H}$;

TMOD = 00000111B = 07H。

可编得 1 s 延时子程序如下:

```
DELAY:MOV      R3,♯14H                ;置 100 ms 计数循环初值
MOV      TMOD,♯07H                ;置定时器 0 为方式 3 计数
MOV      TH0,♯06H                ;置 TH0 初值
MOV      TL0,♯38H                ;置 TL0 初值
SETB     TR0                    ;启动 TL0
```

```
SETB    TR1                ;启动 TH0
LP1：JBC    TF1,LP2        ;查询 TH0 计数溢出
SJMP    LP1                ;未到 50 ms 继续计数
LP2：MOV    TH0,#06H       ;重置 TH0 初值
CLR    P3.4                ;T0 引脚产生负跳变
NOP                        ;负跳变持续
NOP
SETB    P3.4               ;T0 引脚恢复高电平
JBC    TF0,LP3             ;查询 TH0 计数溢出
SJMP    LP1                ;未到 100 ms 继续计数
LP3：MOV    TL0,#38H       ;重置 TL0 初值
DJNZ    R3,LP1             ;未到 1 s 继续循环
RET
```

3. 定时器/计数器的编程和应用

例：用单片机定时器/计数器设计方波发生器,方波周期为 10 ms,有 P3.0 引脚输出。

解：取晶振频率为 12 MHz,方波周期为 10 ms,则半周期为 5 ms。定时器 T1 工作于定时方式 1,产生 5 ms 的定时。

按上述设计思路可知：

方式寄存器 TMOD 的控制字应为：10H;

定时器 T1 的初值应为：$65\ 536-5\ 000=60\ 536=EC78H$。

分别采用查询方式和中断方式实现。

1) 采用查询方式,其源程序可设计如下：

;程序功能：在 P3.0 引脚上产生周期为 10 ms 的方波,T1 工作在方式 1,采用查询方式编程。

```
ORG 0000H
MOV    TMOD    ,#10H       ;采用 T1 方式 1
MOV    TH1    ,#0ECH       ;装入初值
MOV    TL1    ,#78H
SETB    TR1                ;启动定时器
WAIT：JBC    TF1    ,NX    ;查询 TF1,是否计满溢出
SJMP    WAIT
NX：CPL    P3.0            ;P3.0 引脚电平取反
MOV    TH1,#0ECH           ;重装初值
MOV    TL1,#78H
SJMP    WAIT
END
```

185

2）采用中断方式，其源程序可设计如下：

;程序功能：在 P3.0 引脚上产生周期为 10 ms 的方波——T1 方式 1，中断方式

```
ORG 0000H
MOV   TMOD  , #10H              ;采用 T1 方式 1
MOV   TH1    , #0ECH            ;装入初值
MOV   TL1    , #78H
MOV   IE   , #88H               ;设定 ET1=1,EA=1
SETB  TR1                        ;启动定时器
SJMP  $
ORG   001BH                      ;中断服务程序
CPL P3.0                         ;P3.0 引脚电平取反
MOV   TH1,  #0ECH                ;重装初值
MOV   TL1,  #78H
RETI
END
```

4.2.3　知识拓展：乐音的生成

1. 调号

调号音乐上指用以确定乐曲主音高度的符号。用 C、D、E、F、G、A、B 这些字母来表示固定的音高。比如，A 这个音，标准的音高为每秒钟振动 440 周，十二平均律各音的频率见表 4-6。

表 4-6　十二平均律各音的频率

调号（音名）	C	D	E	F	G	A	B
频率/Hz	262	294	330	349	392	440	494

调号（音名）	#C(升 C 调)	#D(升 D 调)	#F(升 F 调)	#G(升 G 调)	#A(升 A 调)		
频率/Hz	277	311	369	415	466		

2. 音调与节拍

在音乐中所谓"音调"，其实就是我们常说的"音高"。当两个声音信号的频率相差一倍时，也即 $f_2 = 2f_1$ 时，则称 f_2 比 f_1 高一个倍频程，在音乐学中称它相差一个八度音。在一个八度音内，有 12 个半音。这 12 个音阶的分度基本上是以对数关系来划分的。如果我们知道了这十二个音符的音高，也就是其基本音调的频率，就可根据倍频程的关系得到其他音符基本音调的频率。如表 4-7 和表 4-8。

知道了一个音符的频率后，要产生相应频率的声音信号，只要计算出该音频的半周期[1/（2×频率）]，常采用的方法就是通过单片机的定时器定时中断，来得到这个半周期

时间。为了让单片机发出不同频率的声音,我们只需将定时器预置不同的定时值就可实现。

表 4-7　各节拍与时间的设定

曲调值	1/4 拍时间/ms	1/8 拍时间/ms
调 4/4	125	62.5
调 3/4	187.5	93.75
调 2/4	250	125

表 4-8　C 调各音符、频率和定时初值的关系

音符 (低音)	频率/Hz	定时初值	音符 (中音)	频率/Hz	定时初值	音符 (高音)	频率/Hz	定时初值
1 DO	262	F88C	1 DO	523	FC44	1 DO	1046	FE22
♯1 DO♯	277	F8F3	♯1 DO♯	554	FC79	♯1 DO♯	1 109	FE3D
2 RUI	294	F95B	2 RUI	587	FCAC	2 RUI	1 175	FE56
♯2 RUI♯	311	F9B8	♯2 RUI♯	622	FCDC	♯2 RUI♯	1 245	FE6E
3 MI	330	FA15	3 MI	659	FD09	3 MI	1 318	FE85
4 FA	349	FA67	4 FA	698	FD34	4 FA	1 397	FE9A
♯4 FA♯	370	FAB9	♯4 FA♯	740	FD5C	♯4 FA♯	1 480	FEAE
5 SO	392	FB04	5 SO	784	FD82	5 SO	1 568	FEC1
♯5 SO♯	415	FB4B	♯5 SO♯	831	FDA6	♯5 SO♯	1 661	FED3
6 LA	440	FB90	6 LA	880	FDC8	6 LA	1 760	FEE4
♯6 LA♯	466	FBCF	♯6 LA♯	932	FDE8	♯6 LA♯	1 865	FEF4
7 XI	494	FC0C	7 XI	988	FE06	7 XI	1 976	FF03

4.2.4　引导文（学生用）

学习领域	单片机小系统设计与制作
项目	基于单片机中断控制的产品设计与制作
工作任务	音乐播放器
学时	6 课时

任务描述：设计一个音乐播放器，按下开关后播放《军港之夜》。	

学习目标：深刻理解并掌握定时/计数器的作用和编程方法。 进一步熟悉 MCS-51 单片机外部引脚的使用方法。 掌握单片机全系统调试的过程及方法。 培养学生良好的工程意识、职业道德和敬业精神。	

资讯阶段	将学生按 6 人一组分成若干个小组，确定小组负责人。 小组名称：　　　小组负责人：　　　小组成员： 1. 定时/计数器用作定时器时，其定时时间与哪些因素有关？用作计数器时，对外部计数脉冲有何要求？ 2. 当定时器 T0 工作在方式 3 时，由于 TR1 被 T0 占用，如何控制定时器 T1 的开启和关闭？ 3. 定时工作方式 2 有什么特点？适用于什么场合？ 4. 定时/计数器工作在方式 0 时，其计数初值如何计算？ 5. 设单片机的晶振频率为 6 MHz，适用定时器 T0 产生一个 50 Hz 的方波，由 P1.0 输出，请编程实现。 6. 设晶振频率为 6 MHz，定时器 T0 工作在定时方式 1，定时时间为 2 ms。每当定时时间到，申请中断，在中断服务程序中将累加器 A 的内容左环移 1 次，送 P1.0 输出，设 A 的初始值为 01H，请编程实现。

计划、 决策阶段	1. 每小组再按 2 人一组分成 3 个小分组。 2. 明确任务，并确定准备工作。 3. 小组讨论，进行合理分工，确定实施顺序。 请根据学时要求作出团队工作计划表：			

分组号	成员	完成时间	责任人

实施阶段	实施流程： 1. 根据控制要求用 Proteus 软件绘制电路原理图。 2. 用 Keil 软件编写、调试程序。 3. 用 Proteus、Keil 联合仿真调试，达到控制要求。 4. 将调试无误后的程序下载到单片机中。 5. 根据原理图，在提供的电路万用板上合理地布置电路所需元器件，并进行元器件、引线的焊接。

实施阶段	6. 检查元器件的位置是否正确、合理,各焊点是否牢固可靠、外形美观,最后对整个单片机进行调试,检查是否符合任务要求。 7. 思考在工作过程中如何提高效率。 8. 对整个工作的完成情况进行记录。
检查阶段	1. 效果检查:各小组先自己检查控制效果是否符合要求。 2. 检验方法的检查:小组中一人对观测成果的记录、计算进行检查,其他人评价其操作的正确性及结果的准确性。 3. 资料检查:各小组上交前应先检查需要上交的资料是否齐全。 4. 小组互检:各小组将资料准备齐全后,交由其他小组进行检查,并请其他小组给出意见。 5. 教师检查:各小组资料及成果检查完毕后,最后由教师进行专项检查并进行评价,填写评价记录。
评估阶段	一、评分办法和分值分配如下:

内容	分值	扣分办法
1. 原理图绘制	20 分	每处错误扣 2 分
2. 程序设计	20 分	每处错误扣 2 分
3. 联合仿真	20 分	无效果扣 15 分,效果错误扣 10 分
4. 硬件制作	20 分	每错一项扣 5 分
5. 出勤状况	20 分	迟到 5 min 扣 5 分,迟到 1 h 扣 10 分, 2 h 扣 20 分,缺勤半天扣 20 分

注:
1. 每人必须在规定时间内完成任务。
2. 如超时完成任务,则每超过 10 min 扣减 5 分。
3. 小组完成后及时报请验收并清场。

二、进行考核评估

小组自评与互评成绩评定表

学生姓名_____　　教师_____　　班级_____　　学号_____

序号	考评项目	分值	考核办法	成员名单					
1	学习态度	20	出勤率、听课态度、实训表现等						
2	学习能力	20	回答问题、完成学生工作的质量						
3	操作能力	40	成果质量						
4	团结协作精神	20	以所在小组完成工作的质量、速度等进行评价						
自评与互评得分									

4.2.5　参考方案

要求:采用单片机演奏《军港之夜》乐曲,如图 4-17 所示。

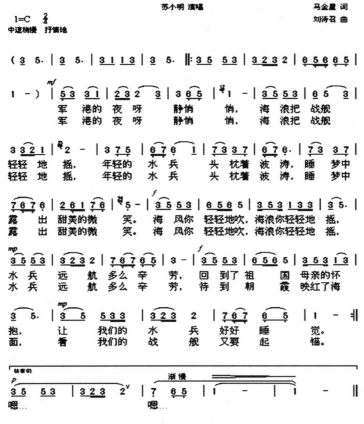

图 4-17 《军港之夜》乐谱

1) 步骤 1：定时参数的计算

① T0 的方式控制字 TMOD

M1M0＝01，GATE＝0，C/T＝0，可取方式控制字为 01H（定时器 T0 为工作方式 1）。

② 计算计数初值 X

晶振为 12 MHz，《军港之夜》为 C 调，按表 4-8 各音符确定定时器 T0 初值。

③ 节拍时间计算

《军港之夜》为 C 调 2/4，最小为 1/4 拍，最小延时为 250 ms。采用延时子程序来完成节拍延时。延时子程序延时 25 ms，则：

1/8 拍：125 ms，5 次延时；1/4 拍：250 ms，10 次延时；

1/2 拍：500 ms，20 次延时；3/4 拍：750 ms，30 次延时；

1 拍：1 000 ms，40 次延时；1 又 1/2 拍：1 500 ms，60 次延时；

2 拍：2 000 ms，80 次延时；4 拍：4 000 ms，160 次延时。

④ 只有当按下按钮 KEY 之后，才启动演奏。

2) 步骤 2：流程图设计（图 4-18）

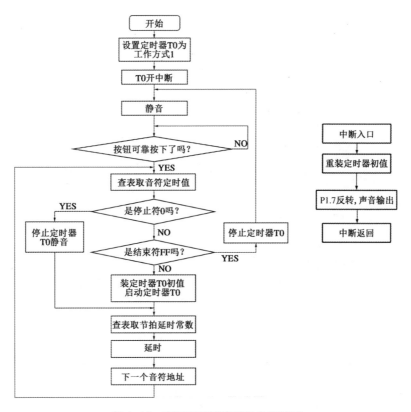

图 4-18　实现音乐播放器程序流程图

3) 参考原理图(图 4-19)

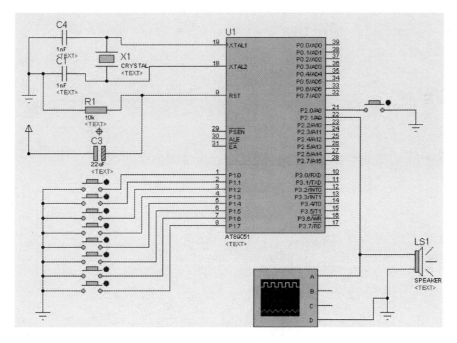

图 4-19　音乐播放器原理图

4）参考程序

汇编语言：

```
                ORG 0000H
                LJMP START
                ORG 000BH
                LJMP INT_T0
                ORG 0030H
START：          MOV TMOD,#01H
NSP：            CLR P2.1
        JB P2.0,NSP
        MOV 32H,#1
        LCALL DELY
        JB P2.0,NSP
                MOV DPTR,#TAB
LP0：            MOV R0,#00H
LP：             MOV 30H,R0
                MOV A,30H
                MOVC A,@A+DPTR
                CJNE A,#0BH,LP1
                MOV DPTR,#TAB1
                LJMP LP0
LP1：            CJNE A,#1BH,LP2
                LJMP FINISH
LP2：            MOV TH0,A
                INC R0
                MOV 31H,R0
                MOV A,31H
                MOVC A,@A+DPTR
                MOV TL0,A
                INC R0
                INC R0
                MOV A,R0
                MOVC A,@A+DPTR
                MOV 32H,A
                SETB ET0
                SETB EA
                SETB TR0
                LCALL DELY
                CLR TR0
```

```
                INC R0
                LJMP    LP
FINISH：        CLR P2.1
                LJMP NSP


INT_T0：        MOV A,30H
                MOVC A,@A+DPTR
                MOV TH0,A
                MOV A,31H
                MOVC A,@A+DPTR
                MOV TL0,A
                CPL P2.1
                  RETI


DELY：MOV R5,32H
D0：   MOV R6,♯250
D1：   MOV R7,♯25
D2：   NOP
        NOP
        DJNZ R7,D2
        DJNZ R6,D1
        DJNZ R5,D0
RET
TAB：DW
```

0FB04H, 20, 0FD09H, 20, 0FD09H, 20, 0FC44H, 20, 0FCACH, 10, 0FD09H, 10, 0FCACH, 40, 0FD09H, 20, 0FD09H, 40, 0FB90H, 20, 0FB04H, 20, 0FC44H, 40, 0FC44H,40

```
    DW
```

0FD09H, 20, 0FD82H, 20, 0FD82H, 20, 0FD09H, 20, 0FDC8H, 20, 0FD82H, 40, 0FD09H, 20, 0FD09H, 40, 0FD09H, 10, 0FCACH, 10, 0FC44H, 20, 0FCACH, 40, 0FCACH,40

```
    DW
```

0FD09H, 40, 0FC0CH, 20, 0FB04H, 20, 0FB90H, 10, 0FC0CH, 10, 0FB90H, 40, 0FC44H, 20, 0FC0CH, 20, 0FD09H, 20, 0FD09H, 20, 0FC0CH, 20, 0FB90H, 10, 0FC0CH,10,0FB90H,40

```
    DW
```

0FC0CH, 20, 0FD09H, 20, 0FD09H, 20, 0FC0CH, 20, 0FC0CH, 20, 0FB90H, 10, 0FC0CH, 10, 0FB90H, 40, 0FCACH, 20, 0FB90H, 10, 0FC44H, 10, 0FC0CH, 20,

0FB90H,20,0FB04H,40,0FB04H,40,0B0BH

TAB1：

    DW

0FD09H,20,0FD82H,20,0FD82H,20,0FD09H,20,0FDC8H,20,0FD82H,10,
0FDC8H,10,0FD82H,40,0FD09H,10,0FD82H,20,0FD09H,10,0FC44H,20,
0FD09H,10,0FD09H,10,0FD09H,20,0FD82H,40

    DW

0FD09H,20,0FD82H,20,0FD82H,20,0FD09H,20,0FD09H,20,0FCACH,10,
0FD09H,10,0FCACH,40,0FC0CH,20,0FB90H,10,0FC0CH,10,0FB90H,20,
0FB04H,20,0FD09H,40,0FD09H,40

    DW

0FD09H,20,0FD82H,20,0FD82H,20,0FD09H,20,0FDC8H,20,0FD82H,10,
0FDC8H,10,0FD82H,40,0FD09H,10,0FD82H,20,0FD09H,10,0FC44H,20,
0FD09H,20,0FD09H,20,0FD82H,40

    DW

0FD09H,20,0FD82H,20,0FD82H,20,0FD09H,10,0FD09H,10,0FD09H,20,
0FCACH,10,0FD09H,10,0FCACH,40,0FC0CH,20,0FB90H,10,0FC0CH,10,
0FB90H,20,0FB04H,20,0FC44H,40,0FC44H,40,1B1BH

    END

5）软件仿真效果图（图 4-19）

4.2.6　任务设计（老师用）

学习领域	单片机小系统设计与制作		
工作项目	基于单片机中断控制的产品设计与制作		
工作任务	音乐播放器	学时	6
学习目标	1. 深刻理解并掌握定时/计数器的作用和编程方法。 2. 进一步熟悉 MCS-51 单片机外部引脚的使用方法。 3. 掌握单片机全系统调试的过程及方法。 4. 培养学生良好的工程意识、职业道德和敬业精神。		
工作任务描述	设计一个音乐播放器，按下开关后播放《军港之夜》。		
学习任务设计	1. 设计、绘制音乐播放器的单片机控制系统原理图，编写调试程序，并联合仿真，实现控制要求。 2. 根据软件仿真结果，利用万用板制作音乐播放器的单片机控制系统实物。		
提交成果	1. 软件仿真效果（含原理图、程序）。 2. 制作硬件成品。 3. 自评与互评评分表。 4. 作业。		

（续表）

学习内容	学习重点： 1. 定时/计数器的使用。 2. 乐声的形成。 3. Proteus、Keil 软件的使用。 4. 硬件制作工艺。 学习难点： 1. 定时/计数器的使用。 2. 乐声转化为程序。
教学条件	1. 教学设备：单片机试验箱、计算机。 2. 学习资料：学习材料、软件使用说明、焊接工艺流程、视频资料。 3. 教学场地：一体化教室、一体化实训场。
教学设计 与组织	一、咨询阶段 1. 教师展示音乐播放器效果，引导学生分解控制要求。（教师引导学生思考） 2. 讲解定时/计数器的工作方式。（教师讲解，动画展示） 3. 讲解选乐音的实现。（教师讲解与示范，学生模仿） 4. 讲解软件使用方法。（教师讲解与示范，学生模仿） 5. 讲解联合仿真。（教师讲解与示范，学生模仿） 6. 讲解硬件制作。（教师讲解与示范，学生模仿） 7. 安排工作任务。（6 名学生一组） 二、计划、决策阶段 1. 明确任务。 2. 小组讨论，分成 3 个小分组，进行分工协作安排。 三、实施阶段 1. 先根据控制要求绘制原理图。（学生操作，教师指导） 2. 按原理图编写调试程序，并联合仿真，根据控制效果调试程序或修改原理图。（学生操作，教师指导） 3. 下载程序到单片机，并进行硬件制作。（学生操作，教师指导）
教学设计 与组织	四、检查阶段 各小组先自己检查控制效果是否符合要求，然后由小组之间互相检查，最后指导教师检查确认。（以学生自查为主、教师指导为辅） 五、评估阶段 1. 各小组选出一人陈述施测过程和成果，指导教师对实施过程和成果进行点评。 2. 根据个人自评、小组互评和教师评价进行综合成绩评定。

考核标准 （100 分）	成果评定（50 分）	教师根据学生提交成果的准确性和完整性评定成绩，占 50%。
	学生自评（10 分）	学生根据自己在任务实施过程中的作用及表现进行自评，占 10%。
	小组互评（15 分）	根据工作表现、发挥的作用、协作精神等，小组成员互评，占 15%。
	教师评价（25 分）	根据考勤、学习态度、吃苦精神、协作精神，职业道德等进行评定； 根据任务实施过程每个环节及结果进行评定； 根据实习报告质量进行评定。 综合以上评价，占 25%。

4.2.7　工具、设备及材料

工具：电烙铁、吸锡器、镊子、剥线钳、尖嘴钳、斜口钳等。

设备：单片机试验箱、万用表、计算机等。

材料：AT89C51 单片机一块，相关电阻、电容一批，晶振一个，电路万用板一块，导线若干，焊锡丝，松香等。

4.2.8　成绩报告单（以小组为单位和以个人为单位）

序号	工作过程	主要内容	评分标准	分配	学生（自评）		教师	
					扣分	得分	扣分	得分
1	资讯（10分）	任务相关知识查找	查找相关知识，该任务知识掌握度达到60%，扣5分	10				
			查找相关知识，该任务知识掌握度达到80%，扣2分					
			查找相关知识，该任务知识掌握度达到90%，扣1分					
2	决策计划（10分）	确定方案编写计划	制定整体方案，实施过程中修改一次，扣2分	10				
3	实施（10分）	记录实施过程步骤	实施过程中，步骤记录不完整达到10%，扣2分	10				
			实施过程中，步骤记录不完整达到20%，扣3分					
			实施过程中，步骤记录不完整达到40%，扣5分					
4	检查评价（60分）	小组讨论	自我评述完成情况	5				
			小组效率	5				
		整理资料	设计规则和工艺要求的整理	5				
			参观了解学习资料的整理	5				
		设计制作过程	设计制作过程的记录	10				
			焊接工艺的学习	5				
			外围元器件的识别	5				
			程序下载工具的学习	5				
			工厂参观过程的记录	5				
			常见编译软件的学习	10				

（续表）

序号	工作过程	主要内容	评分标准	分配	学生（自评）		教师	
					扣分	得分	扣分	得分
5	职业规范团队合作（10 分）	安全生产	安全文明操作规程	3				
		组织协调	团队协调与合作	3				
		交流与表达能力	用专业语言正确流利地简述任务成果	4				
		合计		100				
学生自评总结								
教师评语								
学生签字		年 月 日		教师签字			年 月 日	

4.2.9 思考与训练

一、选择题

1. 8031 单片机的定时器 T1 用作定时方式时是（   ）。

A. 由内部时钟频率定时，一个时钟周期加 1

B. 由内部时钟频率定时，一个机器周期加 1

C. 由外部时钟频率定时，一个时钟周期加 1

D. 由外部时钟频率定时，一个机器周期加 1

2. 8031 单片机的定时器 T1 用作计数方式时，计数脉冲是（   ）。

A. 外部计数脉冲，由 T1(P3.5) 输入

B. 外部计数脉冲，由内部时钟频率提供

C. 外部计数脉冲，由 T0(P3.4) 输入

D. 由外部计数脉冲计数

3. 若 8031 的定时器 T1 用作定时方式，模式 1，则工作方式控制字为（   ）。

A. 01H   B. 05H   C. 10H   D. 50H

4. 若 8031 的定时器 T1 用作计数方式，模式 2，则工作方式控制字为（   ）。

A. 60H   B. 02H   C. 06H   D. 20H

5. 若 8031 的定时器 T1 用作定时方式，模式 1，则初始化编程为（   ）。

A. MOV　TMOD,♯01H   B. MOV　TMOD,♯50H

C. MOV　TMOD,♯10H   D. MOV　TCON,♯02H

6. 启动定时器 0 开始计数的指令是使 TCON 的（　　）。

A. TF0 位置 1　　　B. TR0 位置 1　　　C. TR0 位置 0　　　D. TR1 位置 0

二、简答题

简述 MCS-51 单片机定时器/计数器 4 种工作方式的特点以及如何选择和设定。

三、编程题

1. 分别应用定时器 0 和定时器 2，采用 5 种方法设计周期为 4 ms 的方波发生器。

2. 应用定时器 1 的工作方式 2，在 P3.0 引脚上产生方波，高电平为 50 μs，低电平为 30 μs。

3. 设计电路和软件：将 AT89S51 的 P3 口分别接 8 个按键，编号为 1～8，P2 口接 LED 7 段数码管。按下某一键时，在数码管上显示相应的键值。

项目 5

基于单片机小系统的矩阵键盘的设计与制作

项目目标导读

思政目标

① 能在学习过程中体味师生之间和同学之间的温暖和爱。
② 要在键盘程序的设计过程中领会精益求精的工匠精神，树立职业自信心。
③ 要通过键盘电路的实现效果体味简洁之美与应用之美的结合。
④ 要激发对问题的好奇心，具有探索精神和科学思维。
⑤ 在电路制作和程序设计过程中要具有宽广的视野和全局性思维。
⑥ 能通过小组讨论活动提升团队合作能力和沟通能力。
⑦ 要有"真、善、美"的品格，小组同学之间要和谐沟通，协调合作。
⑧ 要按照《电气简图用图形符号 第 5 部分：半导体管和电子管》(GB/T 4728.5—2018)国家行业标准画电路仿真图并制作电路。
⑨ 对损坏的元器件、部件等要妥善处理，下课后还原实训室所有设备和工具，并保持实训室的卫生和整洁。

知识目标

① 掌握独立键盘的编程方法。
② 掌握矩阵键盘的编程方法。
③ 熟练掌握 51 单片机的 I/O 扩展。
④ 熟练掌握单片机程序存储器和数据存储器的扩展。
⑤ 熟练掌握 51 单片机的键盘和显示器综合应用。

能力目标

① 能进行简单的独立键盘和显示器综合系统的设计。
② 能进行矩阵键盘和显示器综合系统的设计。
③ 能分析单片机程序存储器和数据存储器的扩展电路。

方法切入

通过独立键盘和矩阵键盘电路的分析与设计，从简到繁实现学习目标，了解单片机键盘和显示器的综合应用。

任务 5.1　基于单片机小系统的键盘控制效果设计与制作

5.1.1　任务书

学生学号		学生姓名		成绩	
任务名称	基于单片机小系统的键盘控制效果设计与制作	学时		班级	
实训材料与设备	参阅 5.1.6 节	实训场地		日期	
任务	在前面项目的基础上,在单片机外围电路中加上矩阵键盘电路,并进行键盘键符识别。				
目标	1) 掌握独立键盘和矩阵键盘的工作原理。 2) 掌握独立键盘程序的编写。 3) 掌握矩阵键盘程序的编写。 4) 分析键盘显示电路,并进行思考。 5) 进一步掌握单片机系统的开发流程。 6) 培养学生良好的工程意识、职业道德和敬业精神。				

（一）资讯问题

1) 独立键盘和矩阵键盘的特点。
2) 独立键盘和矩阵键盘的工作原理。
3) 独立键盘和矩阵键盘的按键识别编程。
4) 如何在不同应用系统中选择键盘结构?

（二）决策与计划

决策:
1) 分组讨论,每 3 人一组,讨论各种键盘特点。
2) 查找资料,分析独立键盘和矩阵键盘。
3) 查找资料,研究独立键盘和矩阵键盘的编程方法。
4) 查找相应单片机芯片的下载软件。
5) 小组成员讲述任务方案。
计划:
1) 根据操作规程和任务方案,按步骤完成相关工作。
2) 列出完成该任务所需注意的事项。
3) 确定工作任务需要使用的工具和相关资料,填写下表。

项目名称			
各工作流程	使用的工具	相关资料	备注

（续表）

（三）实施
1）根据电路图分析矩阵键盘电路。 2）根据前述项目进行科学布线。 3）焊接并调试电路。 4）根据单片机应用系统的开发流程编写源程序并下载到自己制作的单片机中运行，观察效果。 5）修改程序，下载后进一步观察运行效果。 6）思考在工作过程中如何节约成本并提高工作效率。 7）记录工作任务完成情况。
（四）检查（评估）
检查： 1）学生填写检查单。 2）教师进行考核。 评估： 1）小组讨论，形成自我评估材料。 2）在全班评述完成情况和发生的问题及解决方案。 3）全班同学共同评价每个小组该任务的完成情况。 4）小组准备汇报材料，每组选派一人进行汇报。 5）上交作品和任务实训报告。

5.1.2　键盘工作描述

1. 键盘的分类

按结构原理，按键可分为两类：一类是触点式按键开关，如机械式开关、导电橡胶式开关等；另一类是无触点式按键开关，如电气式按键、磁感应按键等。前者造价低，后者寿命长。单片机应用系统中最常见的是触点式按键开关。

按编码方式，按键可分为编码键盘和非编码键盘。编码键盘主要是用硬件电路来实现对键的识别，键盘上闭合键的识别由专用的硬件编码器实现，并产生键编码或键值，如ASCII码键盘等；而非编码键盘主要由软件来实现键盘的定义与识别。编码键盘能够由硬件逻辑自动提供与键对应的编码，此外，一般还具有去抖动和多键、串键保护电路。这种键盘使用方便，但需要较多的硬件，价格较贵。非编码键盘只简单地提供行和列的矩阵，其他工作均由软件完成，因而经济实用。在单片机应用系统中，用得最多的是非编码键盘。非编码键盘按连接方式又分为独立连接式按键与矩阵连接式按键。下面将重点介绍非编码键盘。

2. 键输入原理

在单片机应用系统中，除了复位按键有专门的复位电路及专一的复位功能外，其他按键都是以开关状态来设置控制功能或输入数据的。当所设定的功能键或数字键按下时，单片机应用系统应完成该按键所设定的功能，键信息输入是与软件结构密切相关的过程。

对于一个或一组键，总有接口电路与单片机相连。通过查询方式或中断方式可以了解有无键输入，并检查是哪一个键按下，将该键号送入累加器 ACC，然后通过跳转指令转入执行该键的功能程序,执行完后再返回主程序。

3. 键盘与单片机接口需解决的问题

1) 键盘开关状态的可靠输入

单片机应用系统通常使用触点式按键开关,其主要功能是把机械上的通断转换成电气上的连接关系。触点式按键按下或释放时,由于机械弹性作用的影响,触点通常伴随一定时间的机械抖动,从而使输入单片机的电压信号也出现抖动,其抖动过程如图 5-1 所示。抖动时间的长短与开关的机械特性有关,一般为 5～10 ms。

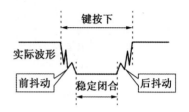

图 5-1 触点式按键的机械抖动

在触点抖动期间检测按键的通断状态,可能导致判断出错,即按键一次按下或释放被错误地认为是多次操作,这种情况是不允许出现的。为了克服按键触点机械抖动所致的检测误判,必须采取去抖动措施。

去抖动的方法主要有两种:硬件去抖动和软件去抖动。

硬件去抖动的措施:在键输出端加 R-S 触发器构成去抖动电路。图 5-2 所示是一种由 R-S 触发器构成的双稳态去抖动电路。图中两个与非门构成一个 R-S 触发器。当按键未按下时,触发器输出为高电平 1;当按键按下时,触发器输出为低电平 0。当按键按下时,即使按键因弹性抖动而产生瞬时断开,但触发器一旦翻转,触点抖动不会对输出信号产生任何影响。

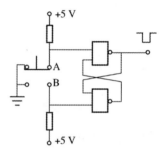

图 5-2 双稳态去抖动电路

软件去抖动的措施:在检测到按键闭合时,执行一个图 5-2 双稳态去抖动电路 10 ms 左右(具体时间可视所使用的按键进行调整)的延时程序,让前沿抖动消失后再一次检测按键的状态,如果仍保持闭合状态,则确认为真正有键按下。当检测到按键释放后,也执行一个 10 ms 左右的延时程序,待后沿抖动消失后才能转入对该键的处理。软件去抖动方法简单、可靠。在单片机应用系统中,通常采用软件去抖动。

2) 对按键进行编码以给定键值

一组按键或键盘都要通过单片机 I/O 口线查询按键的开关状态。根据键盘结构的不同,采用不同的编码方法。无论有无编码,以及采用什么编码,最后都要转换成为与累加器中数值相对应的键值,以实现按键功能程序的跳转,与此对应的跳转指令(常称散转指令)为"JMP@A+DPTR"。

3) 编制键盘程序

一个完善的键盘控制程序应具备以下功能:

(1) 监测有无按键闭合。

(2) 有键闭合时,如无硬件去抖动电路,应采取软件延时方法消除按键机械触点抖动的影响。

（3）有可靠的逻辑处理办法。每次只处理一个按键，其间其他任何按键操作对单片机应用系统不产生影响，且无论一次按键时间有多长，系统仅执行一次按键功能程序。

（4）准确输出键值，以满足跳转指令要求。

5.1.3 独立式按键

1. 独立式按键的结构

独立式按键是直接用单片机 I/O 口线构成的单个按键电路，其特点是每个按键单独占用一根 I/O 口线，每个按键的工作不会影响其他 I/O 口线的状态。独立式按键的典型应用如图 5-3 所示。

2. 独立式按键的程序设计

在程序设计中，监测独立式按键的开关状态常采用查询方式。在图 5-3 中，先逐位查询每根 I/O 口线的输入状态，如某一根 I/O 口线输入为"0"（低电平），则可确认该 I/O 口线所对应的按

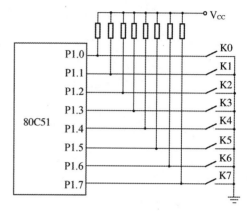

图 5-3 独立式按键电路结构

键已按下；而无键按下时，I/O 口线输入为"1"（高电平）。当确认某键按下后，再转向该键的功能处理程序。

【例 5-1】 针对图 5-3，采用查询方式编写按键监测与键功能处理程序。电路分析：在无键按下的情况下，P1.0～P1.7 线上输入均为高电平。当有键按下时，与被按键相连的 I/O 线将得到低电平输入，其他按键的输入线上仍维持高电平输入。

程序如下：

```
            ORG     0030H
    MAIN：  MOV     P1,＃0FFH        ；置 P1 口为输入口
            MOV     A,P1            ；读 P1 口键状态
            CPL     A
            JZ      MAIN           ；无键闭合则返回
            ACALL   DLY10ms        ；延时 10 ms 去前沿抖动
            MOV     A,P1           ；再读键状态
            CPL     A
            JZ      MAIN           ；无键闭合则返回
            ACALL   DLY10ms        ；延时 10 ms 去后沿抖动
    KB：    MOV     A,P1           ；再读键状态
            CPL     A
            JNZ     KB             ；键闭合后没释放则等待
            MOV     R0,＃00H        ；键值转换
```

LOOP3：	RRC	A	;A 的内容右移一位
	JC	LOOP2	
	INC	R0	
	SJMP	L00P3	
LOOP2：	MOV	A,R0	
	MOV	DPTR,#TAB	;跳转表首地址送数据指针
	ADD	A,A	;A 修正变址
LOOPl：	JMP	@A+DPTR	;转向形成的键值入口地址表
DLY10ms：			;10 ms 延时子程序
	…		
	RET		;子程序返回
TAB：			;键值入口地址表
	AJMP	OP_K0	;转向按键 K0 功能程序
	AJMP	OP_K1	;转向按键 K1 功能程序
	…		
	AJMP	OP_K7	;转向按键 K7 功能程序
OP_K0：	…		;按键 K0 功能处理程序
	LJMP	MAIN	;按键 K0 执行完返回
OP_K1：	…		;按键 K1 功能处理程序
	LJMP	MAIN	;按键 K1 执行完返回
	…		
OP_K7：	…		;按键 K7 功能处理程序
	LJMP	MAIN	;按键 K7 执行完返回
	END		

在按键较少的情况下,也可以采用顺序查询的方式。

【例 5-2】 一种独立式按键电路如图 5-4 所示。试采用中断方式编写按键监测与键功能处理程序。

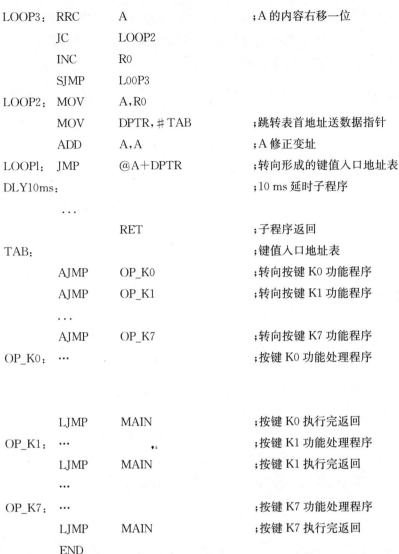

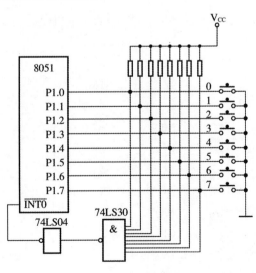

图 5-4 独立式按键电路

　　解：图中 8 个按键经上拉电阻分别接单片机 P1 口的 8 条 I/O 线。8 条 I/O 线经与非门 74LS30 后，再经过 1 个非门 74LS04 进行信号变换，然后接至单片机外部中断 0 的引脚上，由此可通过中断方式处理键盘。在中断服务程序中，先延时 10 ms 消除键抖动，再对各键进行查询，找到所按键，并转到相应的键处理程序。

　　主程序如下：

```
ORG     0000H
LJMP    MAIN
ORG     0003H              ;外部中断 0 入口地址
AJMP    INT0               ;转中断服务
ORG     0030H
MAIN：SETB   EA            ;总中断允许
SETB    EX0                ;外部中断 0 允许
SETB    IT0                ;外部中断 0 下降沿有效
SJMP    $                  ;等待外部中断
```

　　中断服务程序：

```
INT0：LCALL DLY10ms        ;延时 10 ms 去抖动
      MOV P1,♯0FFH         ;置 P1 口为输入口
      MOV A,P1             ;读 P1 口状态
      CJNE A,♯0FFH,CLOSE   ;验证是否确实有键闭合
      AJMP   OUT           ;无键按下
CLOSE：JNB   ACC.7,KEY 7   ;查询 7 号键
      JNB ACC.6,KEY 6      ;查询 6 号键
      JNB ACC.5,KEY 5      ;查询 5 号键
      JNB ACC.4,KEY 4      ;查询 4 号键
      JNB ACC.3,KEY 3      ;查询 3 号键
      JNB ACC.2,KEY 2      ;查询 2 号键
      JNB ACC.1,KEY 1      ;查询 1 号键
      JNB ACC.0,KEY 0      ;查询 0 号键
KEY 7：…                   ;7 号键功能处理程序
      AJMP   OUT           ;7 号键功能执行返回
KEY 6：…                   ;6 号键功能处理程序
      AJMP   OUT           ;6 号键功能执行返回
          …
KEY 0：…                   ;0 号键功能处理程序
      AJMP   OUT           ;0 号键功能执行返回
OUT：   RETI               ;中断返回
  DLY10ms：…               ;10 ms 延时子程序
```

```
        RET                    ;子程序返回
        END
```

5.1.4　矩阵式按键

1. 矩阵式按键的结构

矩阵式按键由行线和列线组成,按键位于行、列线的交叉点上,其结构如图 5-5 所示。

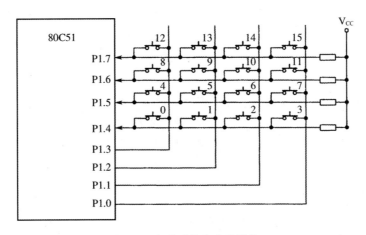

图 5-5　矩阵式键盘电路结构

由图可知,一个 4×4 的行、列结构可以构成一个含有 16 个按键的键盘。显然,在按键数量较多时,矩阵式按键较之独立式按键要节省很多 I/O 口。

2. 矩阵式按键的程序设计

矩阵式按键识别按键的方法有很多,其中,最常见的是动态扫描法。其识别按键的过程分两步:首先识别是否有键闭合,然后逐一扫描以进一步确定是哪一个键闭合。下面以图 5-5 所示电路为例说明动态扫描法识别按键的过程。

(1) 识别有无按键闭合。图中行线为输入,列线为输出。没有键按下时,行线、列线之间断开,行线端口输入全为高电平。有键按下时,键所在行线与列线短路,故行线输入的电平为列线输出的状态。若列线输出低电平,则按键所在行线的输入也为低电平。因此,通过检测行线的状态是否全为高电平 1,就可以判断是否有键按下。

(2) 进一步确定闭合的按键。图 5-5 中,可以采用逐列扫描法,原理同上。此时逐个给每列输出低电平 0,读取行线的状态,若行值全为高电平 1,则说明此列无键闭合,继续扫描下一列,使下一列输出为低电平 0。若行值中某位为低电平 0,则说明此行、列交叉点处的按键被闭合。

【例 5-3】　一种矩阵式按键电路如图 5-6 所示。试采用动态扫描方式编写 16 个按键监测与键功能处理程序。

程序设计思想:利用子程序获得键号,主程序中建立散转表,表中为转移指令,根据子

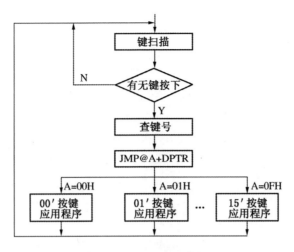

图 5-6　例 5-3 程序流程图

程序返回的键号利用散转指令使程序跳转,执行相应的应用程序段。程序设计流程如图 5-6 所示。

主程序如下:

;根据子程序返回的键号转入相应的处理程序

```
ORG   0000H
LJMP   MAIN
ORG   0030H
KEY: ACALL   KEY_SUB
    MOV   R7,A
    ADD   A,R7
    MOV   DPTR,#JMPTAB
  JMP   @A+DPTR
JMPTAB:                        ;散转表,表中是转移指令
  AJMP   OPR0                  ;跳转到 0 号按键处理程序
AJMP   OPR1                    ;跳转到 1 号按键处理程序
...
AJMP   OPR15                   ;跳转到 15 号按键处理程序
                              ;1 号按键处理程序
                              ;返回
OPR0:  ...                     ;0 号按键处理程序
    AJMP   KEY                 ;返回
OPR1:  ...                     ;1 号按键处理程序
    AJMP   KEY                 ;返回
  ...
```

```
OPR15: …                    ;15 号按键处理程序
    AJMP  KEY               ;返回
                            ;按键扫描子程序,键号利用 R4 返回
KEY_SUB: ACALL SCAN         ;全扫描键盘,判断有键按下否
        JZ KEY_SUB          ;A=0,无键按下,继续查询
        ACALL  DELAY        ;A≠0,有键按下,延时消抖
        ACALL  SCAN         ;再次扫描键盘
        JZ  KEY_SUB         ;若 A=0,无键按下,返回继续查询
                            ;若 A≠0,则有键按下,逐列扫描
    MOV    A,#0FEH          ;A 取首列扫描字

 K1: MOV R2,A               ;暂存列扫描字
    MOV P1,A                ;输出列扫描字(使高 4 位为 1)
    MOV A,P1                ;读入行值
  CPL  A                    ;求反
    ANL A,#0FOH             ;屏蔽低 4 位
    JNZ KEY_NUM             ;A≠0,则此列有键按下,转去查询键号
    MOV A,R2                ;A=0,此列无键按下,继续查询下一列
  JNB  ACC.3,KEY_SUB        ;判断 4 列是否扫描完
    RL  A                   ;修正列扫描值
 SJMP  K1                   ;继续扫描下一列
KEY_NUM: MOV  R3,A          ;保留行值
        MOV A,R2
      ANL A,#0FH            ;去掉列值的高 4 位
      ORL  A,R3             ;拼键值(等于行值取反加列值)
      MOV DPTR,#KEY_TAB     ;DPTR 指向键值表
    MOV R2,A                ;存键值
    MOV R4  #O              ;取键号
NEXT_K:  MOV A,R4
    MOVC A,@A+DPTR          ;根据键号取表中键值
    CLR  C
    SUBB  A,R2              ;比较
    JZ  KEY_UP              ;相同则找到键号,等待键抬起
    INC  R4                 ;不同则修改键号
    SJMP NEXT_K             ;继续查找键号
KEY_UP:  ACALL  SCAN        ;全扫描键盘
    JNK KEY_UP              ;键未抬起,继续扫描
    ACALL DELAY             ;键抬起,延时消抖
```

```
        ACALL SCAN              ;
        JNZ   KEY_UP            ;键未抬起,继续扫描
        MOV A,R4                ;键抬起,取键号返回
        RET
KEY_RET:                        ;键值表
        DB    17H,1BH,1DH,1EH   ;0\1\2\3
        DB    27H,2BH,2DH,2EH   ;4\5\6\7
        DB    47H,4BH,4DH,4EH   ;8\9\10\11
        DB    87H,8BH,8DH,8EH   ;12\13\14\15
                                ;全扫描键盘子程序,行值取反并屏蔽低 4 位后利用 A
                                ; 返回
SCAN:   MOV  A,#0FOH            ;全列扫描值
        MOV  P1,A               ;输出列扫描值
        MOV  A,P1               ;读行值
        CPL  A                  ;求反
        ANL  A,#0F0H            ;屏蔽低 4 位,故若无键按下,则 A＝0
        RET
        END
```

程序也可以这样编写:

```
BUFF EQU 30H
    ORG 0000H
  KKEY0:MOV P2,#0FFH
    CLR P2.4
    MOV A,P2
    ANL A,#0FH
    XRL A,#0FH
    JZ KKEY1
    LCALL DELY10MS
    MOV A,P2
    ANL A,#0FH
    XRL A,#0FH
    JZ KKEY1
    MOV A,P2
    ANL A,#0FH
    CJNE A,#0EH,KK1
    MOV BUFF,#0
    LJMP SHOW
```

```
    KK1:CJNE A,#0DH,KK2
        MOV BUFF,#1
    LJMP SHOW
    KK2:CJNE A,#0BH,KK3
        MOV BUFF,#2
    LJMP SHOW
    KK3:CJNE A,#07H,KK4
        MOV BUFF,#3
    LJMP SHOW
    KK4:NOP
KKEY1:MOV P2,#0FFH
    CLR P2.5
    MOV A,P2
    ANL A,#0FH
    XRL A,#0FH
    JZ KKEY2
    LCALL DELY10MS
    MOV A,P2
    ANL A,#0FH
    XRL A,#0FH
    JZ KKEY2
    MOV A,P2
    ANL A,#0FH
    CJNE A,#0EH,KK5
    MOV BUFF,#4
    LJMP SHOW
    KK5:CJNE A,#0DH,KK6
        MOV BUFF,#5
    LJMP SHOW
    KK6:CJNE A,#0BH,KK7
        MOV BUFF,#6
    LJMP SHOW
    KK7:CJNE A,#07H,KK8
        MOV BUFF,#7
    LJMP SHOW
    KK8:NOP
KKEY2:MOV P2,#0FFH
    CLR P2.6
```

```
MOV A,P2
ANL A,#0FH
XRL A,#0FH
JZ KKEY3
LCALL DELY10MS
MOV A,P2
ANL A,#0FH
XRL A,#0FH
JZ KKEY3
MOV A,P2
ANL A,#0FH
CJNE A,#0EH,KK9
MOV BUFF,#8
LJMP SHOW
KK9:CJNE A,#0DH,KK10
    MOV BUFF,#9
LJMP SHOW
KK10:CJNE A,#0BH,KK11
    MOV BUFF,#10
LJMP SHOW
KK11:CJNE A,#07H,KK12
    MOV BUFF,#11
LJMP SHOW
KK12:NOP
KKEY3:MOV P2,#0FFH
CLR P2.7
MOV A,P2
ANL A,#0FH
XRL A,#0FH
JZ KKEY4
LCALL DELY10MS
MOV A,P2
ANL A,#0FH
XRL A,#0FH
JZ KKEY4
MOV A,P2
ANL A,#0FH
CJNE A,#0EH,KK13
```

```
      MOV BUFF,♯12
      LJMP SHOW
   KK13:CJNE A,♯0DH,KK14
      MOV BUFF,♯13
      LJMP SHOW
   KK14:CJNE A,♯0BH,KK15
      MOV BUFF,♯14
      LJMP SHOW
   KK15:CJNE A,♯07H,KK16
      MOV BUFF,♯15
      LJMP SHOW
   KK16:NOP
   KKEY4:LJMP KKEY0
  SHOW:MOV A,BUFF
     MOV DPTR,♯TAB
     MOVC A,@A+DPTR
     MOV P0,A
     LJMP KKEY0
 DELY10MS:
     MOV R6,♯10
   D10:MOV R7,♯248
       DJNZ R7,$
     DJNZ R6,D10
     RET
     TAB:DB 0C0H,0F9H,0A4H,0B0H,99H
        DB 92H,82H,0F8H,80H,90H
     DB 88H,83H,0C6H,0C0H,86H
     DB 8EH
     END
```

采用上述动态扫描方式时,无论是否有键闭合,
CPU 都要定时扫描键盘,而单片机应用系统工作
时,并非经常需要键盘输入,因此,CPU 经常处于空
扫描状态。

为提高 CPU 工作效率,可采用中断扫描工作方
式。其工作过程如下:当无键按下时,CPU 处理自
己的工作;当有键按下时,产生中断请求,CPU 转去
执行键盘扫描子程序,并识别键号。

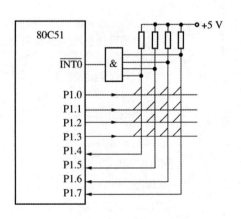

图 5-7　键盘中断扫描接口电路

图 5-7 是一种简化后的键盘接口电路,该键盘是由单片机 P1 口构成的 4×4 键盘。键盘的列线与 P1 口的高 4 位相连,键盘的行线与 P1 口的低 4 位相连,因此,P1.4~P1.7 是键输入线,P0.0~P0.3 是扫描输出线。图中的 4 输入与门用于产生按键中断,其输入端与各列线相连,再通过上拉电阻接至+5 V 电源,输出端接至单片机的外部中断 0($\overline{INT0}$)。具体工作过程是:当键盘无键按下时,与门各输入端均为高电平,保持输出端为高电平;当有键按下时,与门输出端为低电平,向 CPU 申请中断,若开放外部中断,则 CPU 会响应中断请求,转去执行键盘扫描子程序。

5.1.5　引导文(学生用)

学习领域	单片机小系统设计与制作
项　目	基于单片机小系统的键盘控制效果设计与制作
工作任务	基于单片机小系统的键盘控制效果设计与制作
学　时	

任务描述:在前面项目的基础上,在单片机外围电路中加上矩阵键盘电路,并进行键盘键符识别。

学习目标:掌握独立键盘和矩阵键盘的工作原理。
　　　　　掌握独立键盘程序的编写。
　　　　　掌握矩阵键盘程序的编写。
　　　　　分析键盘显示电路,并进行思考。
　　　　　进一步掌握单片机系统的开发流程。
　　　　　培养学生良好的工程意识、职业道德和敬业精神。

资讯阶段	将学生按 6 人一组分成若干个小组,确定小组负责人。 小组名称:　　　小组负责人:　　　小组成员: 1. 独立键盘和矩阵键盘的特点。 2. 独立键盘和矩阵键盘的工作原理。 3. 独立键盘和矩阵键盘的按键识别编程。 4. 如何在不同应用系统中选择键盘结构。 5. 程序设计和调试。

计划、 决策阶段	1. 每小组再按 2 人一组分成 3 个小分组。 2. 明确任务,并确定准备工作。 3. 小组讨论,进行合理分工,确定实施顺序。 请根据学时要求作出团队工作计划表:			
	分组号	成员	完成时间	责任人

实施阶段	1. 根据任务要求,进行矩阵键盘电路的分析。 2. 编写程序,并在 Proteus 软件中绘图仿真。 3. 根据前述项目进行科学布线。 4. 焊接并调试电路。 5. 根据单片机应用系统的开发流程编写源程序并下载到自己制作的单片机中运行,观察效果。 6. 修改程序,下载后进一步观察运行效果。 7. 思考在工作过程中如何节约成本并提高工作效率。 8. 记录工作任务完成情况。
检查阶段	1. 效果检查:各小组先自己检查控制效果是否符合要求。 2. 检验方法的检查:小组中一人对观察成果的记录、计算进行检查,其他人评价其操作的正确性及结果的准确性。 3. 资料检查:各小组上交前应先检查需要上交的资料是否齐全。 4. 小组互检:各小组将资料准备齐全后,交由其他小组进行检查,并请其他小组给出意见。 5. 教师检查:各小组资料及成果检查完毕后,最后由教师进行专项检查并进行评价,填写评价记录。
评估阶段	一、评分办法和分值分配如下:

内　容	分值	扣分办法
1. 原理图绘制	20 分	每处错误扣 2 分
2. 程序设计	20 分	每处错误扣 2 分
3. 联合仿真	20 分	无效果扣 15 分,效果错误扣 10 分
4. 硬件制作	20 分	每错一项扣 5 分
5. 出勤状况	20 分	迟到 5 min 扣 5 分,迟到 1 h 扣 10 分, 2 h 扣 20 分,缺勤半天扣 20 分

注:
1. 每人必须在规定时间内完成任务。
2. 如超时完成任务,则每超过 10 min 扣减 5 分。
3. 小组完成后及时报请验收并清场。

二、进行考核评估

小组自评与互评成绩评定表

学生姓名_____　教师_____　班级_____　学号_____

序号	考评项目	分值	考核办法	成员名单					
1	学习态度	20	出勤率、听课态度、实训表现等						
2	学习能力	20	回答问题、完成学生工作页质量						
3	操作能力	40	成果质量						
4	团结协作精神	20	以所在小组完成工作的质量、速度等进行评价						
自评与互评得分									

5.1.6　任务设计（老师用）

学习领域	单片机小系统设计与制作		
工作项目	基于单片机小系统的键盘控制效果设计与制作		
工作任务	基于单片机小系统的键盘控制效果设计与制作	学时	6
学习目标	1. 掌握独立键盘和矩阵键盘的工作原理。 2. 掌握独立键盘程序的编写。 3. 掌握矩阵键盘程序的编写。 4. 分析键盘显示电路，并进行思考。 5. 进一步掌握单片机系统的开发流程。 6. 培养学生良好的工程意识、职业道德和敬业精神。		
工作任务描述	在前面项目的基础上，在单片机外围电路中加上矩阵键盘电路，并进行键盘键符识别。		
学习任务设计	1. 学习独立键盘和矩阵键盘的工作特点。 2. 学会矩阵键盘键符识别的程序编写。 3. 学会矩阵键盘硬件软件联调。		
提交成果	1. 自评与互评评分表。 2. 作业。		
学习内容	学习重点： 1. 矩阵键盘的电路制作。 2. 矩阵键盘与单片机的连接。 学习难点： 1. 根据流程编写程序。 2. 硬件调试和软件调试。		
教学条件	1. 教学设备：单片机试验箱、计算机。 2. 学习资料：学习材料、软件使用说明、焊接工艺流程、视频资料。 3. 教学场地：一体化教室、一体化实训场。		
教学设计与组织	一、咨询阶段 1. 独立键盘和矩阵键盘的特点。（教师引导学生思考） 2. 独立键盘和矩阵键盘的工作原理。（教师讲解，动画展示） 3. 独立键盘和矩阵键盘的按键识别编程。（教师讲解与示范，学生模仿） 4. 如何在不同应用系统中选择键盘结构。（教师讲解与示范，学生模仿） 5. 程序设计和调试。（教师讲解与示范，学生模仿） 6. 程序设计和调试。（教师引导学生做） 7. 安排工作任务。（3～6 名学生一组） 二、计划、决策阶段 1. 明确任务。 2. 小组讨论，分成 3 个小分组，进行分工协作安排。 三、实施阶段 1. 分组讨论，分析任务要求及键盘显示特点。 2. 编写程序，并在 Proteus 软件中绘图仿真。（学生操作，教师指导） 3. 制作电路并进行软硬件联调。 四、检查阶段 各小组先自己检查控制效果是否符合要求，然后由小组之间互相检查，最后指导教师检查确认。（以学生自查为主、教师指导为辅）		

(续表)

教学设计 与组织	五、评估阶段 1. 各小组选出一人陈述实施过程和成果,指导教师对实施过程和成果进行点评。 2. 根据个人自评、小组互评和教师评价进行综合成绩评定。	
考核标准 (100 分)	成果评定(50 分)	教师根据学生提交成果的准确性和完整性评定成绩,占 50%。
	学生自评(10 分)	学生根据自己在任务实施过程中的作用及表现进行自评,占 10%。
	小组互评(15 分)	根据工作表现、发挥的作用、协作精神等,小组成员互评,占 15%。
	教师评价(25 分)	根据考勤、学习态度、吃苦精神、协作精神,职业道德等进行评定; 根据任务实施过程每个环节及结果进行评定; 根据实习报告质量进行评定。 综合以上评价,占 25%。

5.1.7 工具、设计及材料

工具:电烙铁、吸锡器、镊子、剥线钳、尖嘴钳、斜口钳等。

设备:单片机试验箱、万用表、计算机等。

材料:AT89C51 单片机一块,LED8 个,按键开关 2 个,相关电阻、电容一批,晶振一个,电路万用板一块,导线若干,焊锡丝,松香等。

5.1.8 成绩报告单(以小组为单位和以个人为单位)

序号	工作过程	主要内容	评分标准	分配	学生(自评)		教师	
					扣分	得分	扣分	得分
1	资讯 (10分)	任务相关 知识查找	查找相关知识,该任务知识掌握度 达到 60%,扣 5 分	10				
			查找相关知识,该任务知识掌握度 达到 80%,扣 2 分					
			查找相关知识,该任务知识掌握度 达到 90%,扣 1 分					
2	决策计划 (10分)	确定方案 编写计划	制定整体方案,实施过程中 修改一次,扣 2 分	10				
3	实施 (10分)	记录实施 过程步骤	实施过程中,步骤记录不完整 达到 10%,扣 2 分	10				
			实施过程中,步骤记录不完整 达到 20%,扣 3 分					
			实施过程中,步骤记录不完整 达到 40%,扣 5 分					
4	检查评价 (60分)	小组讨论	自我评述完成情况	5				
			小组效率	5				

序号	工作过程	主要内容	评分标准	分配	学生（自评）		教师	
					扣分	得分	扣分	得分
4	检查评价（60分）	整理资料	设计规则和工艺要求的整理	5				
			参观了解学习资料的整理	5				
		设计制作过程	设计制作过程的记录	10				
			焊接工艺的学习	5				
			外围元器件的识别	5				
			程序下载工具的学习	5				
			工厂参观过程的记录	5				
			常见编译软件的学习	10				
5	职业规范团队合作（10分）	安全生产	安全文明操作规程	3				
		组织协调	团队协调与合作	3				
		交流与表达能力	用专业语言正确流利地简述任务成果	4				
		合计		100				
学生自评总结								
教师评语								
学生签字		年　月　日	教师签字		年　月　日			

5.1.9　思考与训练

一、选择题

1. 6264 芯片是（　　　）。

A. EEPROM　　　　B. RAM　　　　　C. FLASH　ROM　D. EPROM

2. 用 MCS-51 串行口扩展并行 I/O 口时，串行接口工作方式选择（　　　）。

A. 方式 0　　　　　B. 方式 1　　　　C. 方式 2　　　　　D. 方式 3

3. 使用 8255 可以扩展出的 I/O 口线是（　　　）。

A. 16 根　　　　　B. 24 根　　　　C. 22 根　　　　　D. 32 根

4. 当 8031 外扩程序存储器为 8 KB 时，需使用 EPROM 2716（　　　）。

A. 2 片　　　　　　B. 3 片　　　　　C. 4 片　　　　　D. 5 片

5. 某种存储器芯片是 8 KB×4/片，那么它的地址线根数是（　　　）。

A. 11 根   B. 12 根   C. 13 根   D. 14 根

6. MCS-51 外扩 ROM、RAM 和 I/O 口时，它的数据总线是(　　)。

A. P0   B. P1   C. P2   D. P3

7. MCS-51 的并行 I/O 口信息有两种读取方法：一种是读引脚，还有一种是(　　)。

A. 读锁存器   B. 读数据库   C. 读 A 累加器   D. 读 CPU

8. MCS-51 的并行 I/O 口读—改—写操作，是针对该口的(　　)。

A. 引脚   B. 片选信号   C. 地址线   D. 内部锁存器

二、解答题

1. 为了消除按键的抖动，常用的方法有哪几种？

2. 独立式键盘和矩阵式键盘分别具有什么特点？适用于什么场合？

3. 设计一个 2×2 行列式键盘电路并编写键盘扫描子程序。

4. 8031 的扩展储存器系统中，为什么 P0 口要接一个 8 位锁存器，而 P2 口却不接？

附　录

附录 A　基于单片机趣味小作品的电路图及参考程序

一、电子琴

1. 电路图

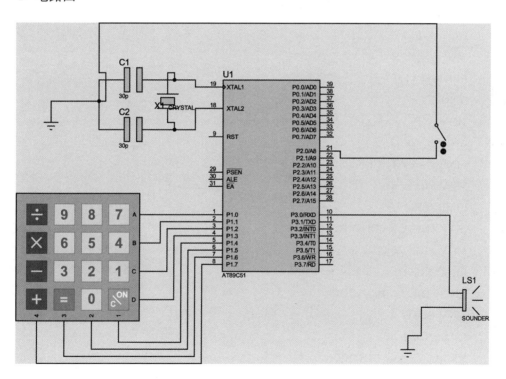

2. 参考程序

```
BUFF EQU 30H
      STH0 EQU 31H
   STL0 EQU 32H
   TEMP EQU 33H
   ORG 00H
```

```
        LJMP START
        ORG 0BH
        LJMP INT_T0
        ORG 001BH
        LJMP TIM1
START:MOV TMOD,＃01H
      SETB ET0
      SETB EA
MAIN:MOV P1,＃0FFH
     CLR P1.4
     MOV A,P1
     ANL A,＃0FH
     XRL A,＃0FH
     JZ KKEY1
     LCALL DELY10MS
     MOV A,P1
     ANL A,＃0FH
     XRL A,＃0FH
     JZ KKEY1
     MOV A,P1
     ANL A,＃0FH
     CJNE A,＃0EH,CKK1
     MOV BUFF,＃0
     LJMP NDK1
CKK1:CJNE A,＃0DH,KK2
     MOV BUFF,＃1
     LJMP NDK1
     KK2:CJNE A,＃0BH,KK3
     MOV BUFF,＃2
     LJMP NDK1
     KK3:CJNE A,＃07H,KK4
     MOV BUFF,＃3
     LJMP NDK1
     KK4:NOP
NDK1:MOV A,BUFF
     MOV DPTR,＃TABLE
     MOVC A,@A+DPTR
     MOV P0,A
```

```
        MOV A,BUFF
        MOV B,#2
        MUL AB
        MOV TEMP,A
        MOV DPTR,#TABLE1
        MOVC A,@A+DPTR
        MOV STH0,A
        MOV TH0,A
        INC TEMP
        MOV A,TEMP
        MOVC A,@A+DPTR
        MOV STL0,A
        MOV TL0,A
        SETB TR0
NDK1A:MOV A,P1
        ANL A,#0FH
        XRL A,#0FH
        JNZ NDK1A
        CLR TR0
KKEY1:MOV P1,#0FFH
        CLR P1.5
        MOV A,P1
        ANL A,#0FH
        XRL A,#0FH
        JZ KKEY2
        LCALL DELY10MS
        MOV A,P1
        ANL A,#0FH
        XRL A,#0FH
        JZ KKEY2
        MOV A,P1
        ANL A,#0FH
        CJNE A,#0EH,KK5
        MOV BUFF,#4
        LJMP NDK2
KK5:CJNE A,#0DH,KK6
        MOV BUFF,#5
        LJMP NDK2
```

```
KK6:CJNE A,#0BH,KK7
   MOV BUFF,#6
   LJMP NDK2
KK7:CJNE A,#07H,KK8
   MOV BUFF,#7
   LJMP NDK2
KK8:NOP
NDK2:MOV A,BUFF
   MOV DPTR,#TABLE
   MOVC A,@A+DPTR
   MOV P0,A
   MOV A,BUFF
   MOV B,#2
   MUL AB
   MOV TEMP,A
   MOV DPTR,#TABLE1
   MOVC A,@A+DPTR
   MOV STH0,A
   MOV TH0,A
   INC TEMP
   MOV A,TEMP
   MOVC A,@A+DPTR
   MOV STL0,A
   MOV TL0,A
   SETB TR0
NDK2A:MOV A,P1
   ANL A,#0FH
   XRL A,#0FH
   JNZ NDK2A
   CLR TR0
KKEY2:MOV P1,#0FFH
   CLR P1.6
   MOV A,P1
   ANL A,#0FH
   XRL A,#0FH
   JZ KKEY3
   LCALL DELY10MS
   MOV A,P1
```

```
        ANL A,#0FH
        XRL A,#0FH
        JZ KKEY3
        MOV A,P1
        ANL A,#0FH
        CJNE A,#0EH,KK9
        MOV BUFF,#8
        LJMP NDK3
KK9:CJNE A,#0DH,KK10
        MOV BUFF,#9
        LJMP NDK4
KK10:CJNE A,#0BH,KK11
        MOV BUFF,#10
        LJMP NDK4
KK11:CJNE A,#07H,KK12
        MOV BUFF,#11
        LJMP NDK4
KK12:NOP
NDK3:MOV A,BUFF
        MOV DPTR,#TABLE
        MOVC A,@A+DPTR
        MOV P0,A
        MOV A,BUFF
        MOV B,#2
        MUL AB
        MOV TEMP,A
        MOV DPTR,#TABLE1
        MOVC A,@A+DPTR
        MOV STH0,A
        MOV TH0,A
        INC TEMP
        MOV A,TEMP
        MOVC A,@A+DPTR
        MOV STL0,A
        MOV TL0,A
        SETB TR0
NDK3A:MOV A,P1
        ANL A,#0FH
```

```
        XRL A,#0FH
        JNZ NDK3A
        CLR TR0
KKEY3:MOV P1,#0FFH
        CLR P1.7
        MOV A,P1
        ANL A,#0FH
        XRL A,#0FH
        JZ KKEY4
        LCALL DELY10MS
        MOV A,P1
        ANL A,#0FH
        XRL A,#0FH
        JZ KKEY4
        MOV A,P1
        ANL A,#0FH
        CJNE A,#0EH,KK13
        MOV BUFF,#12
        LJMP NDK4
KK13:CJNE A,#0DH,KK14
        MOV BUFF,#13
        LJMP NDK4
KK14:CJNE A,#0BH,KK15
        MOV BUFF,#14
        LJMP NDK4
KK15:CJNE A,#07H,KK16
        MOV BUFF,#15
        LJMP NDK4
KK16:NOP
    NDK4:MOV A,BUFF
        MOV DPTR,#TABLE
        MOVC A,@A+DPTR
        MOV P0,A
        MOV A,BUFF
        MOV B,#2
        MUL AB
        MOV TEMP,A
```

```
        MOV DPTR,#TABLE1
        MOVC A,@A+DPTR
        MOV STH0,A
        MOV TH0,A
        INC TEMP
        MOV A,TEMP
        MOVC A,@A+DPTR
        MOV STL0,A
        MOV TL0,A
        SETB TR0
NDK4A:MOV A,P1
        ANL A,#0FH
        XRL A,#0FH
        JNZ NDK4A
        CLR TR0
KKEY4:MOV A,#0FFH
        MOV P2,A
        MOV A,P2
        JB ACC.0,KKEY5
        LCALL DELY10MS
        MOV A,P2
        JB ACC.0,KKEY5
        MOV BUFF,#16
        LJMP START22
START22:MOV A,BUFF
        CJNE A,#16,KKEY5
        LJMP START2
KKEY5:LJMP MAIN
START2:MOV TMOD,#10H
        MOV IE,#88H
START0:MOV 30H,#00
NEXT:MOV A,30H
        MOV DPTR,#TAB
        MOVC A,@A+DPTR
        MOV R2,A
        JZ END0
        ANL A,#0FH
```

```
        MOV R5,A
        MOV A,R2
        SWAP A
        ANL A,#0FH
        JNZ SING
        CLR TR1
        SJMP D1
SING:DEC A
        MOV 22H,A
        RL A
        MOV DPTR,#TAB1
        MOVC A,@A+DPTR
        MOV TH1,A
        MOV 21H,A
        MOV A,22H
        RL A
        INC A
        MOVC A,@A+DPTR
        MOV TL1,A
        MOV 20H,A
        SETB TR1
D1:LCALL DELAY
        INC 30H
        JMP NEXT
END0:CLR TR1
        LJMP MAIN
TIM1:PUSH ACC
        PUSH PSW
        MOV TL1,20H
        MOV TH1,21H
        CPL P3.0
        POP PSW
        POP ACC
        RETI
DELAY:MOV R7,#02
D2:MOV R4,#187
D3:MOV R3,#248
```

```
        DJNZ R3,$
        DJNZ R4,D3
        DJNZ R7,D2
        RET
DELY10MS:MOV R6,#10
    D10:MOV R7,#248
        DJNZ R7,$
        DJNZ R6,D10
        RET
INT_T0:MOV TH0,STH0
        MOV TL0,STL0
        CPL P3.0
        RETI
    TABLE:DB 3FH,06H,5BH,4FH,66H,6DH,7DH,07H
        DB 7FH,6FH,77H,7CH,39H,5EH,79H,71H
TABLE1:DW 64021,64103,64260,64400
        DW 64524,64580,64684,64777
        DW 64820,64898,64968,65030
    DW 65058,65110,65157,65178
    TAB1:DW 64260,64400,64521,64580
    DW 64684,64777,64820,64580
    DW 64968,65030,65058,65110
    DW 65157,65178,65217
    TAB:DB 02H,82H,62H,52H,48H,02H,52H,32H,22H,18H
        DB 83H,91H,72H,62H,51H,61H,71H,61H,83H,61H
        DB 81H,51H,61H,71H,61H,51H,46H,82H,32H,52H
        DB 22H,42H,16H,21H,41H,18H,0E4H,13H,21H,43H
        DB 52H,21H,41H,12H,83H,81H,61H,81H,58H,53H
        DB 61H,31H,22H,13H,21H,42H,52H,0E2H,42H,21H
        DB 11H,91H,41H,18H,63H,81H,32H,52H,21H,41H
    DB 16H,0E4H,11H,21H,31H,51H,26H,11H,21H,43H
    DB 51H,82H,62H,52H,61H,51H,42H,21H,11H,0E4H
    DB 44H,21H,41H,21H,11H,0E1H,11H,21H,41H,18H
    DB 61H,81H,51H,61H,51H,41H,32H,21H,41H,18H
    DB 08H,00H,04H
    DB 00H
    END
```

二、电子时钟

1. 电路图

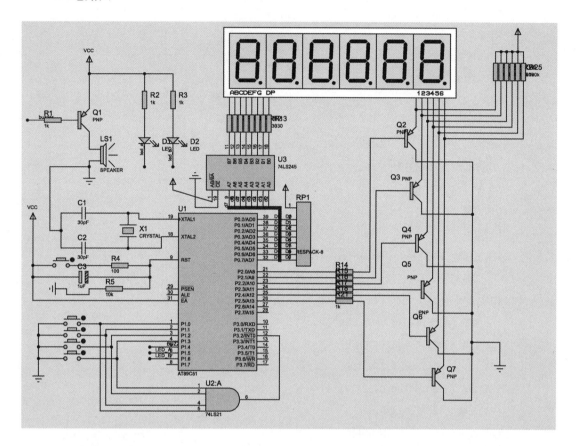

2. 参考程序

KEY_FUN BIT P1.0

KEY_MOVE BIT P1.1

KEY_UP BIT P1.2

KEY_SET BIT P1.3

SPEAKER BIT P1.4

ALARM_LED BIT P1.5

CLK_LED BIT P1.6

L_DATA EQU P0

L_KEY EQU P1

L_ADD EQU P2

TIM_HOU EQU 30H

TIM_MIN EQU 31H

TIM_SEC EQU 32H

TIM_H1 EQU 33H

```
        TIM_M1 EQU 34H
        TIM_S1 EQU 35H
        CLK_HOU EQU 36H
        CLK_MIN EQU 37H
        CLK_H1 EQU 38H
        CLK_M1 EQU 39H
        PLAY_HOU EQU 3AH
        PLAY_MIN EQU 3BH
        PLAY_SEC EQU 3CH
        CLK_MTIM EQU 3DH
        LED_ADD EQU 3EH
        IT0_NUM EQU 3FH
        PLAY_FG EQU 40H
        PLAY_TW EQU 41H
        PLAY_MOVE EQU 42H
        KEY_VALUE EQU 43H
        ALARM_SET BIT 00H
        ALARM_FG BIT 01H
        PLAY_P BIT 02H

        ORG 0000H
        AJMP MAIN
        ORG 0003H
        LJMP INT_INT0
        ORG 000BH
        LJMP INT_T0
        ORG 0100H
MAIN:
        MOV R0,#20H
        MOV R7,#96
CLR_M:MOV @R0,#0
        INC R0
        DJNZ R7,CLR_M
        MOV TIM_SEC,#17
        MOV TIM_MIN,#28
        MOV TIM_HOU,#09
        MOV CLK_MTIM,#01H
        MOV LED_ADD,#01H
```

```
            MOV IT0_NUM,#0
            MOV PLAY_FG,#0
            MOV PLAY_TW,#0FH
            MOV PLAY_MOVE,#00H
            MOV KEY_VALUE,#0FH
            CLR ALARM_SET
            CLR ALARM_FG
            SETB PLAY_P
            SETB SPEAKER
            SETB ALARM_LED
            SETB CLK_LED
            SETB IT0
            MOV TMOD,#01H
            MOV TH0,#(65536-10000)/256
            MOV TL0,#(65536-10000)MOD 256
            MOV IE,#83H
            SETB TR0
CYC:        LCALL PLAY_LED
            JNB ALARM_SET,T_NCLK
            MOV A,TIM_HOU
            CJNE A,CLK_HOU,T_NCLK
            MOV A,TIM_MIN
            CJNE A,CLK_MIN,T_NCLK
            MOV A,TIM_SEC
            CJNE A,#0,T_NCLK
            SETB ALARM_FG
            CLR SPEAKER
            CLR ALARM_LED
T_NCLK:     JNB ALARM_FG,LOOP1
            MOV A,CLK_MIN
            ADD A,CLK_MTIM
            MOV B,#60
            DIV AB
            MOV A,B
            CJNE A,TIM_MIN,LOOP1
            CLR ALARM_FG
            SETB SPEAKER
            SETB ALARM_LED
```

```
LOOP1:MOV A,KEY_VALUE
    MOV KEY_VALUE,#0FH
    JNB ACC.0,FUN_KEY
    JNB ACC.1,MOVE_KEY
    JNB ACC.2,UP_KEY
    JNB ACC.3,CYC
    LJMP SET_KEY
FUN_KEY:MOV A,PLAY_FG
    INC A
    MOV PLAY_FG,A
    CJNE A,#4,OUT_FUN
    MOV PLAY_FG,#0
OUT_FUN:MOV PLAY_MOVE,#00H
    MOV A,PLAY_FG
    CJNE A,#1,FUN_N0
    MOV TIM_H1,TIM_HOU
    MOV TIM_M1,TIM_MIN
    MOV TIM_S1,TIM_SEC
    LJMP CYC
FUN_N0:    CJNE A,#2,FUN_N2
    MOV CLK_H1,CLK_HOU
    MOV CLK_M1,CLK_MIN
FUN_N2:    LJMP CYC
MOVE_KEY:MOV A,PLAY_FG
    CJNE A,#0,MOVE_N0
    LJMP CYC
MOVE_N0:CJNE A,#3,MOVE_N2
    LJMP CYC
MOVE_N2:MOV A,PLAY_MOVE
    INC A
    CJNE A,#3,MOVE_END
    MOV A,#0
MOVE_END:MOV PLAY_MOVE,A
    LJMP CYC
UP_KEY:    MOV A,PLAY_FG
    CJNE A,#0,UP_N0
    LJMP CYC
UP_N0:    CJNE A,#3,UP_N2
```

```
            LJMP CYC
UP_N2：      MOV A,PLAY_FG
        CJNE A,#1,UP_N1
        MOV A,PLAY_MOVE
        CJNE A,#0,UP_MN0
        MOV A,TIM_H1
        INC A
        MOV B,#24
        DIV AB
        MOV TIM_H1,8
        LJMP CYC
UP_MN0：     MOV A,PLAY_MOVE
        CJNE A,#1,UP_MN1
        INC A
        MOV B,#60
        DIV AB
        MOV TIM_M1,B
        LJMP CYC
UP_MN1:MOV A,TIM_S1
        INC A
        MOV B,#60
        DIV AB
        MOV TIM_S1,B
        LJMP CYC
UP_N1：      MOV A,PLAY_MOVE
        CJNE A,#0,UP_MN0T
        MOV A,CLK_H1
        INC A
        MOV B,#60
        DIV AB
        MOV CLK_H1,B
        LJMP CYC
UP_MN0T:MOV A,CLK_M1
        INC A
        MOV B,#60
        DIV AB
        MOV CLK_M1,B
        LJMP CYC
```

```
SET_KEY:MOV A,PLAY_FG
    CJNE A,#0,SET_N0
    LJMP CYC
SET_N0:CJNE A,#3,SET_N2
    CPL ALARM_SET
    CPL CLK_LED
    LJMP CYC
SET_N2:MOV A,PLAY_FG
    CJNE A,#1,SET_N1
    MOV TIM_SEC,TIM_S1
    MOV TIM_MIN,TIM_M1
    MOV TIM_HOU,TIM_H1
    MOV PLAY_FG,#0
    LJMP CYC
SET_N1:MOV CLK_MIN,CLK_M1
    MOV CLK_HOU,CLK_H1
    MOV PLAY_FG,#3
    LJMP CYC
PLAY_LED:MOV A,PLAY_TW
    RR A
    MOV PLAY_TW,A
    MOV A,PLAY_FG
    CJNE A,#0,PY_NTIMEPLAY
    MOV PLAY_SEC,TIM_SEC
    MOV PLAY_MIN,TIM_MIN
    MOV PLAY_HOU,TIM_HOU
    SETB PLAY_P
    SJMP PLAY_USE
PY_NTIMEPLAY:
    CJNE A,#1,PLAY_NTIMESET
    MOV PLAY_SEC,TIM_S1
    MOV PLAY_MIN,TIM_M1
    MOV PLAY_HOU,TIM_H1
    SETB PLAY_P
    MOV A,PLAY_TW
    JB ACC.0,PY_NP
PY_NH:MOV A,PLAY_MOVE
    CJNE A,#0,PY_NM
```

```
        MOV PLAY_HOU,＃100
        LJMP PY_NP
PY_NM:MOV PLAY_SEC,＃100
PY_NP:SJMP PLAY_USE
PLAY_NTIMESET:
        CJNE A,＃3,PY_NCLKPLAY
        MOV PLAY_SEC,＃0
        MOV PLAY_MIN,CLK_MIN
        MOV PLAY_HOU,CLK_HOU
        CLR PLAY_P
        SJMP PLAY_USE
PY_NCLKPLAY:
        MOV PLAY_SEC,＃0
        MOV PLAY_MIN,CLK_M1
        MOV PLAY_HOU,CLK_H1
        CLR PLAY_P
        MOV A,PLAY_TW
        JB ACC.0,PLAY_USE
        MOV A,PLAY_MOVE
        CJNE A,＃0,PY_CNH
        MOV PLAY_HOU,＃100
        LJMP PLAY_USE
PY_CNH:     MOV PLAY_MIN,＃100
PLAY_USE:MOV LED_ADD,＃0FEH
        MOV A,PLAY_HOU
        MOV B,＃10
        DIV AB
        CJNE A,＃10,H_N10
        MOV B,＃10
H_N10:MOV DPTR,＃SEGT_CC
        MOVC A,@A+DPTR
        MOV R0,A
        MOV L_ADD,LED_ADD
        MOV L_DATA,R0
        LCALL DELAY5MS
        MOV A,B
        MOV DPTR,＃SEGT_CC
        MOVC A,@A+DPTR
```

```
        JNB PLAY_P,PLAY_LED2
        ORL A,#80H
PLAY_LED2:MOV R0,A
        MOV A,LED_ADD
        RL A
        ORL A,#01H
        MOV LED_ADD,A
        MOV L_ADD,LED_ADD
        MOV L_DATA,R0
        LCALL DELAY5MS
        MOV A,PLAY_MIN
        MOV B,#10
        DIV AB
        CJNE A,#10,M_N10
        MOV B,#10
M_N10:MOV DPTR,#SEGT_CC
        MOVC A,@A+DPTR
        MOV R0,A
        MOV A,LED_ADD
        RL A
        ORL A,#01H
        MOV LED_ADD,A
        MOV L_ADD,LED_ADD
        MOV L_DATA,R0
        LCALL DELAY5MS
        MOV A,B
        MOV DPTR,#SEGT_CC
        MOVC A,@A+DPTR
        JNB PLAY_P,PLAY_LED4
        ORL A,#80H
PLAY_LED4:MOV R0,A
        MOV A,LED_ADD
        RL A
        ORL A,#01H
        MOV LED_ADD,A
        MOV L_ADD,LED_ADD
        MOV L_DATA,R0
        LCALL DELAY5MS
```

```
            MOV A,PLAY_SEC
            MOV B,#10
            DIV AB
            CJNE A,#10,S_N10
            MOV B,#10
S_N10:MOV DPTR,#SEGT_CC
            MOVC A,@A+DPTR
            MOV R0,A
            MOV A,LED_ADD
            RL A
            ORL A,#01H
            MOV LED_ADD,A
            MOV L_ADD,LED_ADD
            MOV L_DATA,R0
            LCALL DELAY5MS
            MOV A,B
            MOV DPTR,#SEGT_CC
            MOVC A,@A+DPTR
            MOV R0,A
            MOV A,LED_ADD
            RL A
            ORL A,#01H
            MOV LED_ADD,A
            MOV L_ADD,LED_ADD
            MOV L_DATA,R0
            LCALL DELAY5MS
            RET
DELAY20MS:MOV R4,#40
D20:      MOV R5,#248
            DJNZ R5,$
            DJNZ R4,D20
            RET
DELAY5MS:MOV R6,#10
D2:MOV R7,#248
            DJNZ R7,$
            DJNZ R6,D2
            RET
INT_INT0:MOV 60H,A
```

```
        MOV 61H,PSW
        MOV 62H,B
INT0_P1:MOV A,L_KEY
        ANL A,#0FH
        CJNE A,#0FH,INT0_P2
          AJMP RET_INT0
INT0_P2:LCALL DELAY20MS
        MOV B,L_KEY
        ANL B,#0FH
        CJNE A,B,INT0_P1
        MOV KEY_VALUE,A
INT0_P3:JNB ALARM_FG,RET_INT0
        CLR ALARM_FG
        SETB SPEAKER
        SETB ALARM_LED
        MOV KEY_VALUE,#0FH
RET_INT0:MOV B,60H
        MOV PSW,61H
        MOV A,62H
        RETI

INT_T0:MOV 60H,A
        MOV 61H,PSW
        MOV TH0,#(65536-10000)/256
        MOV TL0,#(65536-10000)MOD 256
        INC IT0_NUM
        MOV A,IT0_NUM
        CJNE A,#100,RET_T0
        INC TIM_SEC
        MOV IT0_NUM,#0
        MOV A,TIM_SEC
        CJNE A,#60,RET_T0
        INC TIM_MIN
        MOV TIM_SEC,#0
        MOV A,TIM_MIN
        CJNE A,#60,RET_T0
        INC TIM_HOU
        MOV TIM_MIN,#0
```

```
    MOV A,TIM_HOU
    CJNE A,#24,RET_T0
    MOV TIM_HOU,#0
RET_T0:MOV PSW,60H
    MOV A,61H
    RETI
SEGT_CC:DB 3FH,06H,5BH,4FH,66H,6DH,7DH
    DB 07H,7FH,6FH,77H,7CH,39H,5EH,79H,71H
    DB 00H
    END
```

三、定时器输出 PWN

1. 电路图

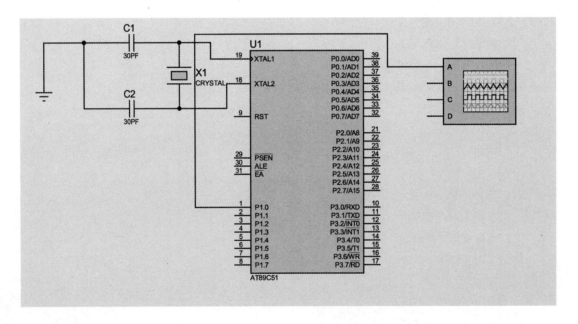

2. 参考程序

```
ORG 0000H
    AJMP MAIN
    ORG 000BH
    AJMP T0INT
MAIN:    CLR P1.0
    MOV R0,#05H
    MOV R1,#32H
MAINLOOP:MOV TMOD,#01H
    MOV TH0,#4BH
```

```
      MOV TL0,#0FFH
      SETB EA
      SETB ET0
      SETB TR0
      SJMP $
T0INT：   MOV TH0,#4BH
      MOV TL0,#0FFH
      DJNZ R0,T0INT
LOOP1：   SETB P1.0
      MOV R0,#05H
      DJNZ R1,T0INT
      CLR P1.0
      MOV R1,#32H
      RETI
      END
```

四、广告灯控制

1. 电路图

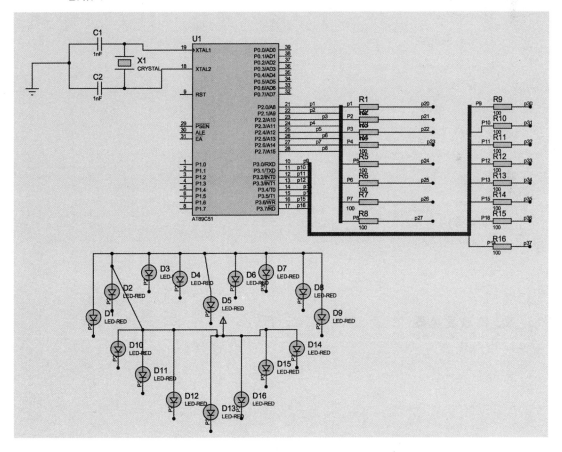

2. 参考程序

```
        ORG 0000H
LOOP:   MOV R6,#8
        MOV DPTR,#TABLE
        MOV R2,#0
LOOP1:  MOV A,R2
        INC R2
        MOVC A,@A+DPTR
        MOV P2,A
        LCALL DELAY
        DJNZ R6,LOOP1
LOOP2:  MOV R7,#8
        MOV DPTR,#TABLE
        MOV R1,#0
LOOP3:  MOV A,R1
        INC R1
        MOVC A,@A+DPTR
        MOV P3,A
        LCALL DELAY
        DJNZ R7,LOOP3
        SJMP $
TABLE:  DB 0FEH,0FCH,0F8H,0F0H,0E0H,0C0H,80H,00H
DELAY:  MOV R5,#248
LOOP4:  MOV R4,#100
LOOP5:  NOP
        NOP
        DJNZ R4,LOOP5
        DJNZ R5,LOOP4
        RET
        END
```

五、函数发生器

1. 电路图

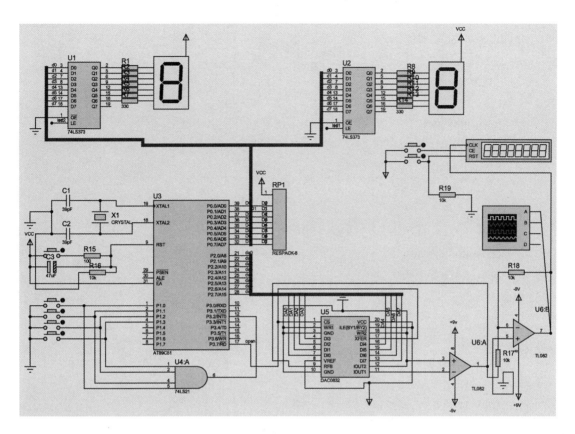

2. 参考程序

KEY_SIN BIT P1. 0

KEY_SQU BIT P1. 1

KEY_TRI BIT P1. 2

KEY_UP BIT P1. 3

AD_OPEN BIT P3. 7

LED1_ADD EQU 0DFH

LED2_ADD EQU 0EFH

LED_NADD EQU 0CFH

LED_DATA EQU P0

L_KEY EQU P1

DA_DATA EQU P2

KEY_VALUE EQU 30H

PLAY_ONE EQU 31H

PLAY_TWO EQU 32H

HZ_PLAY EQU 33H

HZ_SETH EQU 34H

HZ_SETL EQU 35H

```
HZ_GET EQU 36H
DATA_SQU EQU 37H
        ORG 0000H
        AJMP MAIN
        ORG 0003H
        LJMP INT_INT0
        ORG 000BH
        LJMP INT_T0
        ORG 0100H
MAIN：
        MOV SP,＃60H
        MOV R0,＃20H
        MOV R7,＃96
CLR_M：
        MOV @R0,＃0
        INC R0
        DJNZ R7,CLR_M
        MOV KEY_VALUE,＃0FH
        MOV HZ_PLAY,＃19
        MOV DATA_SQU,＃0
        MOV HZ_GET,＃0
        MOV A,HZ_PLAY
        INC A
        MOV B,＃10
        DIV AB
        MOV DPTR,＃SEGT_CC
        MOVC A,@A＋DPTR
        MOV L_KEY,＃LED2_ADD
        MOV LED_DATA,A
        MOV A,B
        MOVC A,@A＋DPTR
        MOV L_KEY,＃LED1_ADD
        MOV LED_DATA,A
        MOV L_KEY,＃LED_NADD
        MOV TMOD,＃01H
        SETB IT0
        MOV DPTR,＃SEG_WAVE
        MOV A,HZ_PLAY
```

```
    RL A
    MOVC A,@A+DPTR
    MOV HZ_SETH,A
    INC DPL
    MOV A,HZ_PLAY
    RL A
    MOVC A,@A+DPTR
    MOV HZ_SETL,A
    CLR C
    MOV A,#0
    SUBB A,HZ_SETL
    MOV TL0,A
    MOV HZ_SETL,TL0
    MOV A,#0
    SUBB A,HZ_SETH
    MOV TH0,A
    MOV HZ_SETH,TH0
    MOV IE,#83H
    MOV DPTR,#SINE_DATA180
    MOV A,HZ_GET
    MOVC A,@A+DPTR
    MOV DA_DATA,A
    CLR AD_OPEN
    SETB TR0
    AJMP $
DELAY20MS:
    MOV R4,#40
D20:
    MOV R5,#248
    DJNZ R5,$
    DJNZ R4,D20
    RET
DELAY1MS:
    MOV R6,#2
D2:
    MOV R7,#248
    DJNZ R7,$
    DJNZ R6,D2
```

```
        RET
INT_INT0：
    PUSH Acc
    PUSH PSW
    PUSH B
INT0_P1：
    MOV A,L_KEY
    ANL A,#0FH
    CJNE A,#0FH,INT0_P2
    AJMP RET_INT0
INT0_P2：
    LCALL DELAY20MS
    MOV B,L_KEY
    ANL B,#0FH
    CJNE A,B,INT0_P1
    MOV KEY_VALUE,A
    CJNE A,#0EH,NO_SIN
    MOV DPTR,#SINE_DATA180
    AJMP RET_INT0
NO_SIN：
    CJNE A,#0DH,NO_SQU
    MOV DPTR,#SQU_DATA180
    AJMP RET_INT0
NO_SQU：
    CJNE A,#0BH,NO_TRI
    MOV DPTR,#TRI_DATA180
    AJMP RET_INT0
NO_TRI：
    MOV R0,DPL
    MOV R1,DPH
    MOV A,HZ_PLAY
    ADD A,#1
    CJNE A,#99,OUT_FRI
    MOV HZ_PLAY,#0
    AJMP SET_FIR
OUT_FRI：
    MOV HZ_PLAY,A
SET_FIR：
```

```
        MOV DPTR,#SEG_WAVE
        MOV A,HZ_PLAY
        RL A
        MOVC A,@A+DPTR
        MOV HZ_SETH,A
        INC DPL
        MOV A,HZ_PLAY
        RL A
        MOVC A,@A+DPTR
        MOV HZ_SETL,A
        CLR C
        MOV A,#0
        SUBB A,HZ_SETL
        MOV TL0,A
        MOV HZ_SETL,TL0
        MOV A,#0
        SUBB A,HZ_SETH
        MOV TH0,A
        MOV HZ_SETH,TH0
        MOV A,HZ_PLAY
        INC A
        MOV B,#10
        DIV AB
        MOV DPTR,#SEGT_CC
        MOVC A,@A+DPTR
        MOV L_KEY,#LED2_ADD
        MOV LED_DATA,A
        MOV A,B
        MOVC A,@A+DPTR
        MOV L_KEY,#LED1_ADD
        MOV LED_DATA,A
        MOV L_KEY,#LED_NADD
        MOV DPH,R1
        MOV DPL,R0
RET_INT0:
        POP B
        POP PSW
```

```
        POP ACC
        RETI
    INT_T0:
        CLR TR0
        MOV TH0,HZ_SETH
        MOV TL0,HZ_SETL
        MOV A,HZ_GET
        MOVC A,@A+DPTR
        MOV DA_DATA,A
        MOV A,HZ_GET
        ADD A,#2
        CJNE A,#180,T0_OV
        MOV HZ_GET,#0
        SETB TR0
        RETI
    T0_OV:
        MOV HZ_GET,A
        SETB TR0
        RETI
    SEGT_CC:
        DB 0C0H,0F9H,0A4H,0B0H,99H
        DB 92H,82H,0F8H,80H,90H
    SEG_WAVE:
        DW 11092,5536,3685,2759,2203,1833,1568,1370,1215,1092
        DW 991,907,836,775,722,675,634,598,566,536
        DW 510,486,464,444,425,408,392,378,364,351
        DW 339,328,318,308,298,290,281,273,266,259
        DW 252,245,239,233,228,222,217,212,208,203
        DW 199,195,191,187,183,179,176,172,169,166
        DW 163,160,157,154,152,149,147,144,142,140
        DW 137,135,133,131,129,127,125,123,122,120
        DW 118,116,115,113,112,110,109,107,106,104
        DW 103,102,100,99,98,97,95,94,93,92
    SINE_DATA180:
        DB 0,0,0,1,1
        DB 2,3,4,5,6
        DB 8,9,11,13,15
```

```
    DB 17,19,22,24,27
    DB 30,33,36,39,42
    DB 46,49,53,56,60
    DB 64,68,72,76,80
    DB 84,88,93,97,101
    DB 106,110,115,119,124
    DB 128,132,137,141,146
    DB 150,155,159,163,168
    DB 172,176,180,184,188
    DB 192,196,200,203,207
    DB 210,214,217,220,223
    DB 226,229,232,234,237
    DB 239,241,243,245,247
    DB 248,250,251,252,253
    DB 254,255,255,255,255
    DB 255,255,255,255,255
    DB 254,253,252,251,250
    DB 248,247,245,243,241
    DB 239,237,234,232,229
    DB 226,223,220,217,214
    DB 210,207,203,200,196
    DB 192,188,184,180,176
    DB 172,168,163,159,155
    DB 150,146,141,137,132
    DB 128,124,119,115,110
    DB 106,101,97,93,88
    DB 84,80,76,72,68
    DB 64,60,56,53,49
    DB 46,42,39,36,33
    DB 30,27,24,22,19
    DB 17,15,13,11,9
    DB 8,6,5,4,3
    DB 2,1,1,0,0
TRI_DATA180：
    DB 0,2,4,8,10
    DB 13,16,19,22,25
    DB 28,31,34,37,40
```

```
    DB 43,46,49,52,55
    DB 58,61,64,67,70
    DB 73,76,79,82,85
    DB 88,91,94,97,100
    DB 103,106,109,112,115
    DB 118,121,124,126,127
    DB 128,130,133,136,139
    DB 142,145,148,151,154
    DB 157,160,163,166,169
    DB 172,175,178,181,184
    DB 187,190,193,196,199
    DB 202,205,208,211,214
    DB 217,220,223,226,229
    DB 232,235,238,241,244
    DB 247,250,252,254,255
    DB 254,252,250,247,244
    DB 241,238,235,232,229
    DB 226,223,220,217,214
    DB 211,208,205,202,199
    DB 196,193,190,187,184
    DB 181,178,175,172,169
    DB 166,163,160,157,154
    DB 151,148,145,142,139
    DB 136,133,130,128,127
    DB 126,124,121,118,115
    DB 112,109,106,103,100
    DB 97,94,91,88,85
    DB 82,79,76,73,70
    DB 67,64,61,58,55
    DB 52,49,46,43,40
    DB 37,34,31,28,25
    DB 22,19,16,13,11
    DB 9,7,5,3,1
SQU_DATA180：
    DB 0,1,3,4,6
    DB 7,9,10,11,13
    DB 14,16,17,19,20
```

DB 21,23,24,26,27

DB 29,30,31,33,34

DB 36,37,39,40,41

DB 43,44,46,47,49

DB 50,51,53,54,56

DB 57,59,60,61,63

DB 64,66,67,69,70

DB 71,73,74,76,77

DB 79,80,81,83,84

DB 86,87,89,90,91

DB 93,94,96,97,99

DB 100,101,103,104,106

DB 107,109,110,111,113

DB 114,116,117,119,120

DB 121,123,124,126,127

DB 129,130,131,133,134

DB 136,137,139,140,141

DB 143,144,146,147,149

DB 150,151,153,154,156

DB 157,159,160,161,163

DB 164,166,167,169,170

DB 171,173,174,176,177

DB 179,180,181,183,184

DB 186,187,188,190,191

DB 193,194,196,197,198

DB 200,201,203,204,206

DB 207,208,210,211,213

DB 214,216,217,218,220

DB 221,223,224,226,227

DB 228,230,231,233,234

DB 236,237,238,240,241

DB 243,244,246,247,248

DB 250,251,253,254,255

END

六、密码锁

1. 电路图

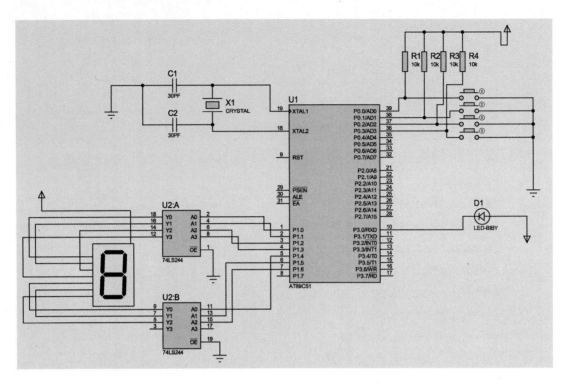

2. 参考程序

```
KEY_0 BIT P0.0
    KEY_1 BIT P0.1
    KEY_2 BIT P0.2
    KEY_3 BIT P0.3
    LOCK BIT P3.0
    ECODE DATA 30H
    ORG 0000H
    LJMP MAIN
    ORG 0030H
MAIN：  MOV SP,#50H
    MOV P0,#0FFH
    MOV P1,#0FFH
    MOV ECODE,#2
_CHECK：  SETB LOCK
    LCALL CHECK_KEY
    CJNE A,ECODE,_ERROR
    MOV P1,#00001100B
    CLR LOCK
    MOV R4,#10
_DELAY10：LCALL DELAY1S
    DJNZ R4,_DELAY10
```

```
        MOV P1,#0FFH
        AJMP _CHECK
_ERROR: MOV P1,#00000110B
        AJMP _CHECK
DELAY1S:MOV R5,#28
        MOV R6,#64H
        MOV TMOD,#20H
        MOV TH1,#06H
        MOV TL1,#06H
        SETB TR1
_LP1:   JBC TF1,_LP2
        SJMP _LP1
_LP2:   DJNZ R6,_LP1
        MOV R6,#64
        DJNZ R5,_LP1
        CLR TR1
        RET
CHECK_KEY:
        MOV A,P0
        ANL A,#0FH
        MOV B,A
        CJNE A,#0FH,_CHK_KEY
        SJMP CHECK_KEY
_CHK_KEY:LCALL DELY10MS
        MOV A,P0
        ANL A,#0FH
        CJNE A,B,CHECK_KEY
        JNB ACC.0,_KEY0
        JNB ACC.1,_KEY1
        JNB ACC.2,_KEY2
        JNB ACC.3,_KEY3
        SJMP CHECK_KEY
_KEY0:  MOV A,#0
        JNB KEY_0,$
        RET
_KEY1:  MOV A,#1
        JNB KEY_1,$
        RET
_KEY2:  MOV A,#2
        JNB KEY_2,$
```

```
        RET
_KEY3:      MOV A,#3
       JNB KEY_3,$
       RET
DELY10MS:MOV R6,#20
_D1:      MOV R7,#248
       DJNZ R7,$
       DJNZ R6,_D1
       RET
       END
```

七、静态数据存储器扩展

1. 电路图

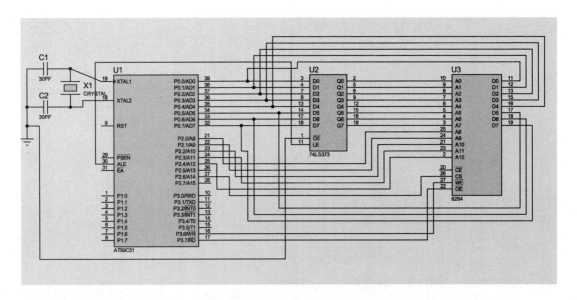

2. 参考程序

```
ORG 0000H
    AJMP MAIN
    ORG 0030H
MAIN:    MOV DPTR,#8000H
    MOV A,#99H
    MOVX @DPTR,A
    MOVX A,@DPTR
    MOV R0,A
    LCALL DISP
    LCALL DELAY
    LCALL DELAY
```

```
        AJMP MAIN
DISP：   MOV A,R0
        ANL A,♯0FH
        ACALL DSEND
        RET
DSEND：MOV DPTR,♯SEGB1
        MOVC A,@A+DPTR
        MOV SBUF,A
        JNB TI,$
        CLR TI
        RET
DELAY：MOV R6,♯250
DELAY1：  MOV R7,♯250
        DJNZ R7,$
        DJNZ R6,DELAY1
        RET
SEGB1：   DB 03H,9FH,25H,0DH,99H,49H,41H,1FH,01H,09H,11H,0C1H,63H,85H,
         61H,71H,00H
END
```

八、数字电压表

1. 电路图

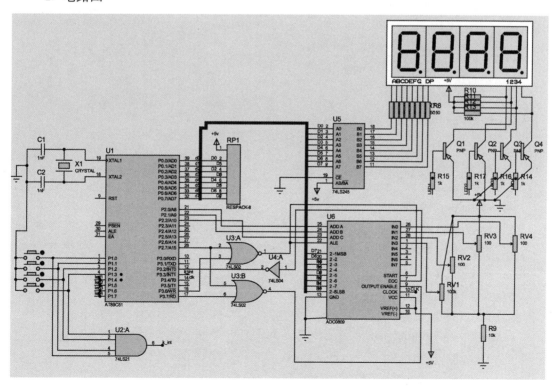

2. 参考程序

```
KEY_ONE BIT P1. 0
KEY_TWO BIT P1. 1
KEY_THREE BIT P1. 2
KEY_FOUR BIT P1. 3
CLK_OUT BIT P3. 4
LED1_ADD EQU 0EFH
LED2_ADD EQU 0DFH
LED3_ADD EQU 0BFH
LED4_ADD EQU 07FH
LED_NADD EQU 0FFH
AD0_ADD EQU 0000H
AD1_ADD EQU 0100H
AD2_ADD EQU 0200H
AD3_ADD EQU 0300H
L_DATA EQU P0
L_KEY EQU P1
L_ADD EQU P2
KEY_VALUE EQU 30H
AD_TL EQU 31H
AD_TH EQU 32H
AD_PLAY EQU 33H
PLAY_ONE EQU 34H
PLAY_TWO EQU 35H
PLAY_THREE EQU 36H
PLAY_FOUR EQU 37H
AD_FLAG BIT 00H
     ORG 0000H
     AJMP MAIN
     ORG 0003H
     LJMP INT_INT0
     ORG 000BH
     LJMP INT_T0
     ORG 0013H
     LJMP INT_INT1
     ORG 0100H
MAIN:    MOV SP, #60H
     MOV R0, #20H
```

```
        MOV R7,#96
CLR_M:      MOV @R0,#0
    INC R0
    DJNZ R7,CLR_M
    MOV KEY_VALUE,#0FH
    MOV DPTR,#AD0_ADD
    MOV AD_TL,DPL
    MOV AD_TH,DPH
    MOV AD_PLAY,#0
    CLR AD_FLAG
    MOV TMOD,#02H
    MOV TL0,#(256-6)
    MOV TH0,#(256-6)
    SETB IT0
    SETB IT1
    MOV IP,#03H
    MOV IE,#87H
    SETB TR0
    MOV DPTR,#AD0_ADD
    MOVX @DPTR,A
    CLR AD_FLAG
CYC:    LCALL PLAY_LED
    JB AD_FLAG,AD_END
    LJMP CYC
AD_END:     MOV DPL,AD_TL
    MOV DPH,AD_TH
    MOVX A,@DPTR
    MOV AD_PLAY,A
    MOV A,#0FH
    CJNE A,KEY_VALUE,KEY_DOWN
    AJMP NO_KEY
KEY_DOWN:MOV A,#07H
    CJNE A,KEY_VALUE,NO_KEY8
    MOV DPTR,#AD3_ADD
    AJMP AD_SEL
NO_KEY8:MOV A,#0BH
    CJNE A,KEY_VALUE,NO_KEY3
    MOV DPTR,#AD2_ADD
```

```
        AJMP AD_SEL
NO_KEY3:MOV A,#0DH
    CJNE A,KEY_VALUE,NO_KEY2
    MOV DPTR,#AD1_ADD
    AJMP AD_SEL
NO_KEY2:MOV DPTR,#AD0_ADD
    AJMP AD_SEL
NO_KEY:    MOV DPL,AD_TL
    MOV DPH,AD_TH
AD_SEL:    MOV AD_TL,DPL
    MOV AD_TH,DPH
    MOVX @DPTR,A
    CLR AD_FLAG
    LJMP CYC
PLAY_LED:MOV A,AD_PLAY
    MOV B,#51
    DIV AB
    MOV PLAY_ONE,#10
    MOV PLAY_TWO,A
    MOV A,#10
    MUL AB
    MOV R0,A
    MOV A,#5
    MUL AB
    MOV PLAY_THREE,A
    MOV A,R0
    MOV B,#51
    DIV AB
    ADD A,PLAY_THREE
    MOV PLAY_THREE,A
    MOV A,#10
    MUL AB
    MOV R0,A
    MOV A,#5
    MUL AB
    MOV PLAY_FOUR,A
    MOV A,R0
    MOV B,#51
```

```
        DIV AB
        ADD A,PLAY_FOUR
        MOV PLAY_FOUR,A
        MOV DPTR,#SEGT_CC
        MOV A,PLAY_ONE
        MOVC A,@A+DPTR
        MOV L_KEY,#LED1_ADD
        MOV L_DATA,A
        LCALL DELAY1MS
        MOV DPTR,#SEGT_CC
        MOV A,PLAY_TWO
        MOVC A,@A+DPTR
        ORL A,#80H
        MOV L_KEY,#LED2_ADD
        MOV L_DATA,A
        LCALL DELAY1MS
        MOV DPTR,#SEGT_CC
        MOV A,PLAY_THREE
        MOVC A,@A+DPTR
        MOV L_KEY,#LED3_ADD
        MOV L_DATA,A
        LCALL DELAY1MS
        MOV DPTR,#SEGT_CC
        MOV A,PLAY_FOUR
        MOVC A,@A+DPTR
        MOV L_KEY,#LED4_ADD
        MOV L_DATA,A
        LCALL DELAY1MS
        MOV L_KEY,#LED_NADD
        RET
DELAY20MS:
        MOV R4,#40
D20:    MOV R5,#248
        DJNZ R5,$
        DJNZ R4,D20
        RET
DELAY1MS:MOV R6,#2
D2:     MOV R7,#248
```

```
            DJNZ R7, $
            DJNZ R6,D2
            RET
INT_INT0:
            PUSH ACC
            PUSH PSW
            PUSH DPL
            PUSH DPH
            SETB AD_FLAG
            POP DPH
            POP DPL
            POP PSW
            POP ACC
            RETI
INT_INT1:PUSH ACC
            PUSH PSW
            PUSH B
INT1_P1:MOV A,L_KEY
            ANL A,#0FH
            CJNE A,#0FH,INT1_P2
            AJMP RET_INT1
INT1_P2:LCALL DELAY20MS
            MOV B,L_KEY
            ANL B,#0FH
            CJNE A,B,INT1_P1
            MOV KEY_VALUE,A
RET_INT1:POP B
            POP PSW
            POP ACC
            RETI
INT_T0:PUSH ACC
            PUSH PSW
            CPL CLK_OUT
            POP PSW
            POP ACC
            RETI
SEGT_CC:DB 3FH,06H,5BH,4FH,66H
```

　　　　DB 6DH,7DH,07H,7FH,6FH

　　　　DB 00H

　　　　END

九、串口控制数码管

1. 电路图

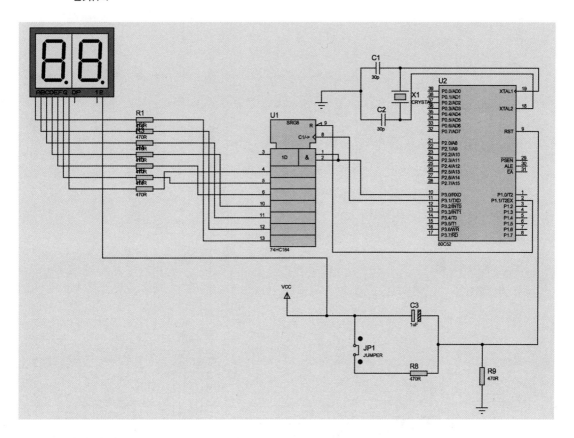

2. 参考程序

ORG 0000H

MOV SCON,#00H

CLR P1. 1

SETB P1. 1

mov dptr,#TAB

LOOP2:MOV R0,#10

MOV R1,#0

LOOP1:MOV A,R1

MOVC A,@A+DPTR

MOV SBUF,A

JNB TI, $

```
CLR TI
LCALL DEL2S
INC R1
DJNZ R0,LOOP1
SJMP LOOP2
DEL2S:MOV R2,#04
LOOP3:MOV R3,#250
LOOP4:MOV R4,#250
LOOP5:NOP
NOP
DJNZ R5,LOOP3
DJNZ R4,LOOP2
DJNZ R3,LOOP1
RET
TAB:DB 0C0H,0F9H,0A4H,0B0H,99H
DB 92H,82H,0F8H,80H,90H
END
```

十、点阵控制

1. 电路图

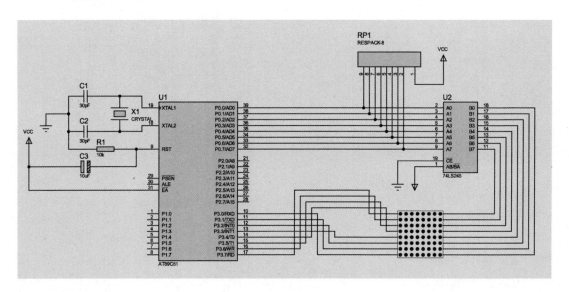

2. 参考程序

```
R_CNT EQU 31H
NUMB EQU 32H
TCOUNT EQU 33H
    ORG 0000H
```

```
        LJMP START
        ORG 000BH
        LJMP INT_T0
        ORG 0030H
START：    MOV TCOUNT ,＃00H
     MOV R_CNT ,＃00H
     MOV NUMB ,＃00H
     MOV TMOD,＃01H
     MOV TH0,＃0ECH
     MOV TL0,＃78H
     SETB TR0
     MOV IE,＃82H
     SJMP $
INT_T0：    MOV TH0,＃0ECH
     MOV TL0,＃78H
     MOV DPTR,＃TAB
     MOV A,R_CNT
     MOVC A,@A+DPTR
     MOV P3,A
     MOV DPTR,＃NUB
     MOV A,NUMB
     MOV B,＃8
     MUL AB
     ADD A,R_CNT
     MOVC A,@A+DPTR
     MOV P0,A
     INC R_CNT
     MOV A,R_CNT
     CJNE A,＃8,NEXT
     MOV R_CNT,＃00H
NEXT：    INC TCOUNT
     MOV A,TCOUNT
     CJNE A,＃250,NEX
     MOV TCOUNT,＃00H
     INC NUMB
     MOV A,NUMB
     CJNE A,＃10,NEX
     MOV NUMB,＃00H
```

NEX: RETI

TAB: DB 0FEH,0FDH,0FBH,0F7H,0EFH,0DFH,0BFH,7FH

NUB: DB 00H,00H,3EH,41H,41H,41H,3EH,00H

DB 00H,00H,00H,00H,21H,7FH,01H,00H

DB 00H,00H,27H,45H,45H,45H,39H,00H

DB 00H,00H,22H,49H,49H,49H,36H,00H

DB 00H,00H,0CH,14H,24H,7FH,04H,00H

DB 00H,00H,72H,51H,51H,51H,4EH,00H

DB 00H,00H,3EH,49H,49H,49H,26H,00H

DB 00H,00H,40H,40H,40H,4FH,70H,00H

DB 00H,00H,36H,49H,49H,49H,36H,00H

DB 00H,00H,32H,49H,49H,49H,3EH,00H

END

十一、1602 液晶显示

1. 电路图

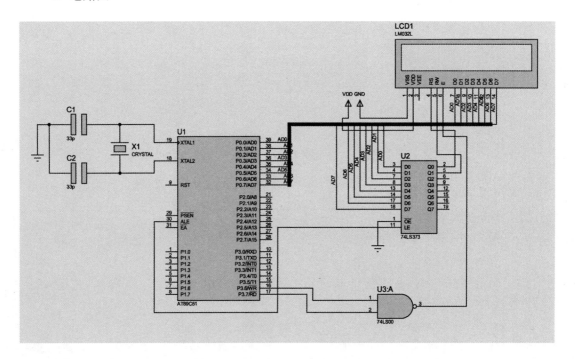

2. 参考程序

LCD_CMD_WR EQU 0

LCD_DATA_WR EQU 1

LCD_BUSY_RD EQU 2

LCD_DATA_RD EQU 3

```
;LCD命令控制
LCD_CLS EQU 1
LCD_HOME EQU 2
LCD_SETMODE EQU 4
LCD_SETVISIBLE EQU 8
LCD_SHIFT EQU 16
LCD_SETFUNCTION EQU 32
LCD_SETCGADDR EQU 64
LCD_SETDDADDR EQU 128


    ORG 0000H
    JMP START
    ORG 0100H
STRING1A:DB'Hello! '
    DB 0
STRING2:DB'1234567890ABCDEF'
    DB 0
  START:MOV A,#038H
    CALL WRCMD
  LOOP:MOV A,#LCD_SETVISIBLE+6;使能显示和光标闪烁
    CALL WRCMD
  LOOP2:MOV DPTR,#STRING1A
     CALL WRSTR
    MOV DPTR,#500
    CALL WTMS
    MOV A,#LCD_SETDDADDR+64;换行
    CALL WRCMD
    MOV DPTR,#STRING2
    CALL WRSLOW
    MOV DPTR,#200
    CALL WTMS
    MOV A,#LCD_CLS;清屏
    CALL WRCMD
    MOV DPTR,#6000
    CALL WTMS
    MOV A,#LCD_CLS
    CALL WRCMD
```

```
        JMP LOOP;lcd 快速显示字符
WRSTR:MOV R0,#LCD_DATA_WR
WRSTR1:CLR A
        MOVC A,@A+DPTR
        JZ WRSTR2
        MOVX @R0,A
        CALL WTBUSY;等待 lcd 释放
        INC DPTR
        JMP WRSTR1
WRSTR2:RET;lcd 逐一显示字符
WRSLOW:MOV R0,#LCD_DATA_WR;数据存储器地址
WRSLW1:CLR A;利用 dptr 逐一读取字符
        MOVC A,@A+DPTR
        JZ WRSLW2;如果是结束符,则不再读取字符
        MOVX @R0,A;放到 lcd 的数据存取器
        CALL WTBUSY;等待 lcd 释放
        INC DPTR;读取下一个字符
        PUSH DPL
        PUSH DPH
        MOV DPTR,#3000;每个字符显示的间隔时间
        CALL WTMS
        POP DPH
        POP DPL
        JMP WRSLW1
WRSLW2:RET;向 lcd 发送操作命令
WRCMD:MOV R0,#LCD_CMD_WR;命令存储器地址
        MOVX @R0,A
        JMP WTBUSY;lcd 忙
WTBUSY:MOV R1,#LCD_BUSY_RD
        MOVX A,@R1
        JB ACC.7,WTBUSY
        RET;秒级延时
WTSEC:PUSH ACC
        CALL WTMS
        POP ACC
        DEC A
        JNZ WTSEC
```

RET;毫秒级延时

WTMS:XRL DPL,♯0FFH

　　XRL DPH,♯0FFH

　　INC DPTR

WTMS1:MOV TL0,♯09CH;用上定时器协助延时

　　MOV TH0,♯0FFH

　　MOV TMOD,♯1

　　SETB TR0

WTMS2:JNB TF0,WTMS2

　　CLR TR0

　　CLR TF0

　　INC DPTR

　　MOV A,DPL

　　ORL A,DPH

　　JNZ WTMS1

　　RET

　　END

十二、抢答器

1. 电路图

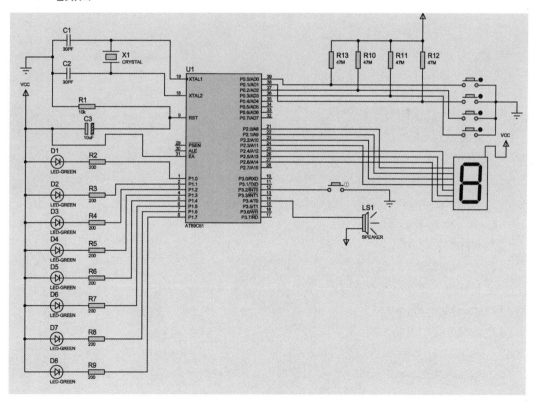

2. 参考程序

```
ORG 0000H
    LJMP MAIN
    ORG 0003H
    LJMP INTO
    ORG 0030H
MAIN：   SETB IT0
    SETB EX0
    SETB EA
    MOV A,#0FEH
LOOP：   MOV P1,A
    MOV 30H,#10
    LCALL DELAY
    RL A
    SJMP LOOP
INTO：   CLR EA
    PUSH ACC
    MOV 30H,#1
    LCALL DELAY
    JB P3.2,INT0_RET
    JNB P3.2,$
    MOV P2,#0BFH
INT0_1：   MOV A,P0
    JNB ACC.0,LP1
        JNB ACC.1,LP2
    JNB ACC.2,LP3
    JNB ACC.3,LP4
    SJMP INT0_1
LP1：   MOV P2,#0F9H
    SJMP LP_COM
LP2：   MOV P2,#0A4H
    SJMP LP_COM
LP3：   MOV P2,#0B0H
    SJMP LP_COM
LP4：   MOV P2,#99H
LP_COM：   CLR P3.4
    MOV 30H,#20
    LCALL DELAY
```

```
       SETB P3.4
       MOV 30H,#60H
       LCALL DELAY
       MOV P2,#0FFH
INT0_RET:SETB EA
       POP ACC
       RETI
DELAY:     MOV R4,30H
DEL0:      MOV R5,#50
DEL1:      MOV R6,#250
DEL2:      NOP
       NOP
       DJNZ R6,DEL2
       DJNZ R5,DEL1
       DJNZ R4,DEL0
       RET
       END
```

十三、通信电路

1. 电路图

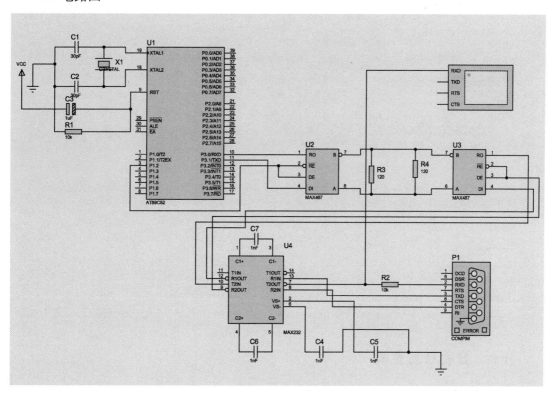

2. 参考程序

```
ORG 0000H
    LJMP MAIN
    ORG 0040H
MAIN:    MOV SP,#30H
    MOV TMOD,#20H
    MOV TH1,#0FDH
    MOV TL1,#0FDH
    ANL PCON,#0EFH
    SETB TR1
    MOV SCON,#50H
    SETB P1.2
AA:    MOV A,#0AAH
    MOV SBUF,A
    JNB TI,$
    CLR TI
    LCALL YAN200MS
    LCALL YAN200MS
    MOV A,#055H
    MOV SBUF,A
    JNB TI,$
    CLR TI
    LCALL YAN200MS
    LCALL YAN200MS
    LJMP AA
YAN200MS:MOV R5,#248
LOOP:    NOP
    NOP
    DJNZ R5,LOOP
    RET
    END
```

十四、键盘识别显示

1. 电路图

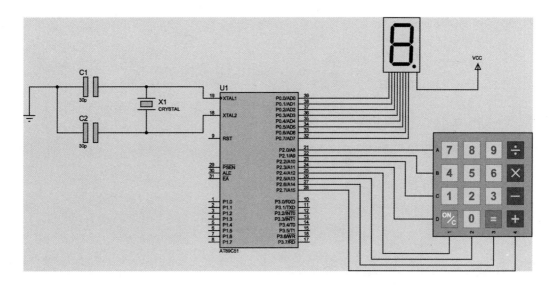

2. 参考程序

```
BUFF EQU 30H
    ORG 0000H
  KKEY0:MOV P2,#0FFH
      CLR P2.4
    MOV A,P2
    ANL A,#0FH
    XRL A,#0FH
    JZ KKEY1
    LCALL DELY10MS
    MOV A,P2
    ANL A,#0FH
    XRL A,#0FH
    JZ KKEY1
    MOV A,P2
    ANL A,#0FH
    CJNE A,#0EH,KK1
    MOV BUFF,#0
    LJMP SHOW
  KK1:CJNE A,#0DH,KK2
      MOV BUFF,#1
    LJMP SHOW
  KK2:CJNE A,#0BH,KK3
      MOV BUFF,#2
    LJMP SHOW
  KK3:CJNE A,#07H,KK4
```

```
                MOV BUFF,#3
            LJMP SHOW
        KK4:NOP
KKEY1:MOV P2,#0FFH
            CLR P2.5
        MOV A,P2
        ANL A,#0FH
        XRL A,#0FH
        JZ KKEY2
        LCALL DELY10MS
        MOV A,P2
        ANL A,#0FH
        XRL A,#0FH
        JZ KKEY2
        MOV A,P2
        ANL A,#0FH
        CJNE A,#0EH,KK5
        MOV BUFF,#4
        LJMP SHOW
    KK5:CJNE A,#0DH,KK6
            MOV BUFF,#5
        LJMP SHOW
    KK6:CJNE A,#0BH,KK7
            MOV BUFF,#6
        LJMP SHOW
    KK7:CJNE A,#07H,KK8
            MOV BUFF,#7
        LJMP SHOW
    KK8:NOP
KKEY2:MOV P2,#0FFH
            CLR P2.6
        MOV A,P2
        ANL A,#0FH
        XRL A,#0FH
        JZ KKEY3
        LCALL DELY10MS
        MOV A,P2
        ANL A,#0FH
        XRL A,#0FH
        JZ KKEY3
```

```
        MOV A,P2
        ANL A,#0FH
        CJNE A,#0EH,KK9
        MOV BUFF,#8
        LJMP SHOW
KK9:CJNE A,#0DH,KK10
        MOV BUFF,#9
        LJMP SHOW
KK10:CJNE A,#0BH,KK11
        MOV BUFF,#10
        LJMP SHOW
KK11:CJNE A,#07H,KK12
        MOV BUFF,#11
        LJMP SHOW
KK12:NOP
KKEY3:MOV P2,#0FFH
    CLR P2.7
        MOV A,P2
        ANL A,#0FH
        XRL A,#0FH
        JZ KKEY4
        LCALL DELY10MS
        MOV A,P2
        ANL A,#0FH
        XRL A,#0FH
        JZ KKEY4
        MOV A,P2
        ANL A,#0FH
        CJNE A,#0EH,KK13
        MOV BUFF,#12
        LJMP SHOW
KK13:CJNE A,#0DH,KK14
        MOV BUFF,#13
        LJMP SHOW
KK14:CJNE A,#0BH,KK15
        MOV BUFF,#14
        LJMP SHOW
KK15:CJNE A,#07H,KK16
        MOV BUFF,#15
        LJMP SHOW
```

```
      KK16:NOP
      KKEY4:LJMP KKEY0
   SHOW:MOV A,BUFF
      MOV DPTR,#TAB
      MOVC A,@A+DPTR
      MOV P0,A
      LJMP KKEY0
DELY10MS:
      MOV R6,#10
      D10:MOV R7,#248
         DJNZ R7,$
      DJNZ R6,D10
      RET
      TAB:DB 0C0H,0F9H,0A4H,0B0H,99H
         DB 92H,82H,0F8H,80H,90H
      DB 88H,83H,0C6H,0C0H,86H
      DB 8EH
      END
```

十五、汽车转向灯

1. 电路图

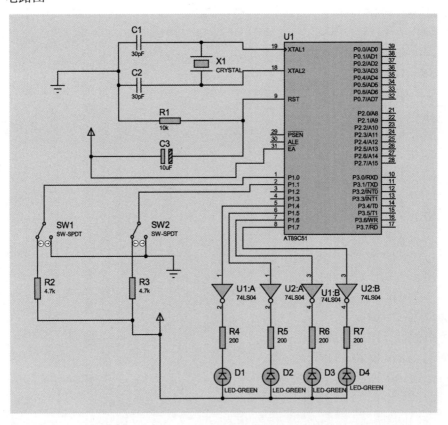

2. 参考程序

```
ORG 0000H
START:MOV P1,#0FH
LOOP:JNB P1.0,AA
    JB P1.1,BB
    MOV P1,#3FH
    LCALL DELAY
    LJMP LOOP
BB:MOV P1,#0FFH
    LCALL DELAY
    LJMP LOOP
AA:JB P1.1,CC
    MOV P1,#0FH
    LCALL DELAY
    LJMP LOOP
CC:MOV P1,#0CFH
    LCALL DELAY
    LJMP LOOP
DELAY:MOV R3,#0FFH

    RET
    END
```

附录 B MCS-51 系列单片机指令系统表

表 B-1 MCS-51 单片机指令系统使用符号规定

符号	定　义	符号	定　义
A	累加器	direct	8 位内部数据存储器单元地址
B	寄存器	rel	8 位带符号的偏移字节
Run	当前选中的工作寄存器,n＝0~7	addr16	16 位目标地址
Ri	当前选中的寄存器,i＝0 或 1	addr11	11 位目标地址
DPTR	16 位数据指针	bit	位寻址单元地址
SP	栈指针	#data	包含在指令中的 8 位常数
PC	程序计数器	#data16	包含在指令中的 16 位常数

(续表)

符号	定　义	符号	定　义
C	进位标志,进位位,布尔累加器	@	间址和基址寄存器的前缀
(X)	X 中的内容	/	位操作数的前缀,表示对该位操作数取反
((x))	由 X 寻址的单元中的内容	←	箭头左边的内容被箭头右边的内容代替
♯	立即数前缀		双向传送

表 B-2　数据传送类指令

助记符	功能	对标志位的影响				字节	周期	代码
		P	OV	AC	CY			
MOV A, Rn	寄存器送 A	√	×	×	×	1	1	E8～EF
MOV A, data	直接字节送 A	√	×	×	×	2	1	E5
MOV A, @ Ri	间接 RAM 送 A	√	×	×	×	1	1	E6、E7
MOV A, ♯data	立即数送 A	√	×	×	×	2	1	74
MOV Rn, A	A 送寄存器	×	×	×	×	1	1	F8～FF
MOV Rn, data	直接字节送寄存器	×	×	×	×	2	2	A8～AF
MOV Rn, ♯data	立即数送寄存器	×	×	×	×	2	1	78～7F
MOV data, A	A 送直接字节	×	×	×	×	2	1	F5
MOV data, Rn	寄存器送直接字节	×	×	×	×	2	1	88～8F
MOV data, data	直接字节送直接字节	×	×	×	×	3	2	85
MOV data, @ Ri	间接 Rn 送直接字节	×	×	×	×	2	2	86;87
MOV data, ♯data	立即数送直接字节	×	×	×	×	3	2	75
MOV @ Ri, A	A 送间接 Rn	×	×	×	×	1	2	F6;F7
MOV @,Ri,data	直接字节送间接 Rn	×	×	×	×	1	1	A6;A7
MOV @ Ri, ♯data	立即数送间接 Rn	×	×	×	×	2	2	76;77
MOV DPTR, ♯data16	16 位常数送数据指针	×	×	×	×	3	1	90
MOVC A, @ A+DPTR	A+DPTR 寻址程序存储字节送 A	√	×	×	×	3	2	93
MOVC A, @ A+PC	A+PC 寻址程序存储字节送 A	√	×	×	×	1	2	83
MOVX A, @ Ri	外部数据送 A(8 位地址)	√	×	×	×	1	2	E2;E3
MOVX A, @ DPTR	外部数据送 A(16 位地址)	√	×	×	×	1	2	EO
MOVX @ Ri, A	A 送外部数据(8 位地址)	×	×	×	×	1	2	F2;F3
MOVX @ DPTR, A	A 送外部数据(16 位地址)	×	×	×	×	1	2	F0

助记符	功能	对标志位的影响				字节	周期	代码
		P	OV	AC	CY			
PUSH data	直接字节进栈,SP 加 1	×	×	×	×	2	2	C0
POP data	直接字节出栈,SP 减 1	×	×	×	×	2	2	D0
XCH A. Rn	寄存器与 A 交换	√	×	×	×	1	1	C8～CF
XCH A. data	直接字节与 A 交换	√	×	×	×	2	1	C5
XCH A. @ Ri	间接 Rn 与 A 交换	√	×	×	×	1	1	C6;C7
XCHD A. @ Ri	间接 Rn 与 A 低半字节交换	√	×	×	×	1	1	D6;D7

表 B-3 算术运算类指令

助记符	功能	对标志位的影响				字节	周期	代码
		P	OV	AC	CY			
ADD A. Rn	寄存器加到 A	√	√	√	√	1	1	28～2F
ADD A. data	直接字节加到 A	√	√	√	√	2	1	25
ADD A. @ Ri	间接 RAM 加到 A	√	√	√	√	1	1	26;27
ADD A. ♯data	立即数加到 A	√	√	√	√	2	1	24
ADDC A. Rn	寄存器带进位加到 A	√	√	√	√	1	1	38～3F
ADDC A. data	直接字节带进位加到 A	√	√	√	√	2	1	35
ADDC A. @ Ri	间接 RAM 带进位加到 A	√	√	√	√	1	1	36;37
ADDC A.. ♯data	立即数带进位加到 A	√	√	√	√	2	1	34
SUBB A. Rn	从 A 中减去寄存器和进位	√	√	√	√	1	1	98～9F
SUBB A. data	从 A 中减去直接字节和进位	√	√	√	√	2	1	95
SUBB A. @ Ri	从 A 中减去间接 RAM 和进位	√	√	√	√	1	1	96;97
SUBB A. ♯data	从 A 中减去立即数和进位	√	√	√	√	2	1	94
INC A	A 加 1	√	×	×	×	1	1	04
INC Rn	寄存器加 1	×	×	×	×	1	1	08～0F
INC data	直接字节加 1	×	×	×	×	2	1	05
INC @ Ri	间接 RAM 加 1	×	×	×	×	1	1	06;07
INC DPTR	数据指针加 1	×	×	×	×	1	2	A3
DEC A	A 减 1	√	×	×	×	1	1	14
DEC Rn	寄存器减 1	×	×	×	×	1	1	18～lF

（续表）

助记符	功能	对标志位的影响				字节	周期	代码
		P	OV	AC	CY			
DEC data	直接字节减 1	×	×	×	×	2	1	15
DEC @ Ri	间接 RAM 减 1	×	×	×	×	1	1	6～17
MUL AB	A 乘 B	√	√	×	√	1	4	A4
DIV AB	A 被 B 除	√	√	×	√	1	4	84
DA A	A 十进制调整	√	√	√	√	1	1	D4

表 B-4　逻辑运算类指令

助记符	功能	对标志位的影响				字节	周期	代码
		P	OV	AC	CY			
ANL A. Rn	寄存器与到 A	√	×	×	×	1	1	58～5F
ANL A. data	直接字节与到 A	√	×	×	×	2	1	55
ANL A. @ Ri	间接 RAM 与到 A	√	×	×	×	1	1	56～57
ANL A. #data	立即数与到 A	√	×	×	×	2	1	54
ANL data. A	A 与到直接字节	×	×	×	×	2	1	52
ANL data. #data	立即数与到直接字节	×	×	×	×	3	2	53
ORL A. Rn	寄存器或到 A	√	×	×	×	1	1	48～4F
ORL A. data	直接字节或到 A	√	×	×	×	2	1	45
ORL A. @ Ri	间接 RAM 或到 A	√	×	×	×	1	1	46～47
ORL A. #data	立即数或到 A	√	×	×	×	2	1	44
ORL data. A	A 或到直接字节	×	×	×	×	2	1	42
ORL data. #data	立即数或到直接字节	×	×	×	×	3	2	43
XRL A. Rn	寄存器异或到 A	×	×	×	×	1	1	68～6F
XRL A. data	直接字节异或到 A	×	×	×	×	2	1	65
XRL A. @ Ri	间接 RAM 异或到 A	√	×	×	×	1	1	66～67
XRL A. #data	立即数异或到 A	√	×	×	×	2	1	64
XRL data. A	A 异或到直接字节	×	×	×	×	2	1	62
XRL data. #data	立即数异或到直接字节	×	×	×	×	3	2	63
CLR A	A 清零	√	×	×	×	1	1	E4
CLR C	进位位清零	×	×	×	√	1	1	C3

（续表）

助记符	功能	对标志位的影响				字节	周期	代码
		P	OV	AC	CY			
CLR bit	直接位清零	×	×	×	×	2	1	C2
CPL A	A 求反码	√	×	×	×	1	1	F4
RL A	A 循环左移一位	×	×	×	×	1	1	23
RLC A	A 带进位左移一位	√	×	×	√	1	1	33
RR A	A 右移一位	×	×	×	×	1	1	03
RRC A	A 带进位右移一位	√	×	×	√	1	1	13
SWAP A	A 半字节交换	×	×	×	×	1	1	C4

表 B-5　控制转移类指令

助记符	功能	对标志位的影响				字节	周期	代码
		P	OV	AC	CY			
AJMP addr 11	绝对转移	×	×	×	×	2	2	♯1
LJMP addr 16	长转移	×	×	×	×	3	2	02
SJMP rel	短转移	×	×	×	×	2	2	80
JMP @ A+DPTR	相对于 DPTR 间接转移	×	×	×	×	1	2	73
JZ rel	若 A=0,则转移	×	×	×	×	2	2	60
JNZ rel	若 A≠0,则转移	×	×	×	×	2	2	70
CJNE A,data,rel	直接数与 A 比较,若不等,则转移	×	×	×	×	3	2	B5
CJNE,A,♯data,rel	立即数与 A 比较,若不等,则转移	×	×	×	×	3	2	B4
CJNE @ Ri,♯data,rel	立即数与间接 RAM 比较,若不等,则转移	×	×	×	×	3	2	B6~B7
CJNE Rn,♯data,rel	立即数与寄存器比较,若不等,则转移	×	×	×	√	3	2	B8~BF
DJNZ Rn. rel	寄存器减 1,若不为 0,则转移	×	×	×	√	2	2	D8~DF
DJNZ data. rel	直接字节减 1,若不为 0,则转移	×	×	×	×	3	2	D5
ACALL addr 11	绝对子程序调用	×	×	×	×	2	2	♯1
LCALL addr 16	子程序调用	×	×	×	×	3	2	12
ET	子程序调用返回	×	×	×	×	1	2	22
RETI	中断程序调用返回	×	×	×	×	1	2	32
NOP	空操作	×	×	×	×	1	1	00

表 B-6 位操作类指令

助记符	功能	对标志位的影响				字节	周期	代码
		P	OV	AC	CY			
MOV C. bit	直接位送进位位	×	×	×	×	2	1	A2
MOV bit. C	进位位送直接位	×	×	×	×	2	2	92
ANL C. bit	直接位与进位位相与送到进位位	×	×	×	×	2	2	82
ANL C. /bit	直接位的反码量与进位位相与送到进位位	×	×	×	×	2	2	B0
ORL C. bit	直接位与进位位相或送到进位位	×	×	×	√	2	2	72
ORL C. /bit	直接位的反码与进位位相或送到进位位	×	×	×	√	2	2	AO
SETB C	进位位置 1	×	×	×	√	1	1	D3
SETB bit	直接位置 1	×	×	×	×	2	1	D2
CLR C	进位位清零	×	×	×	√	1	1	C3
CLR bit	直接位清零	×	×	×	×	2	1	C2
CPL C	进位位取反	×	×	×	√	1	1	B3
CPL bit	直接位取反	×	×	×	×	2	1	B2
JC rel	若 c=1 则转移	×	×	×	×	2	2	40
JNC rel	若 c≠1 则转移	×	×	×	×	2	2	50
JB bit. rel	若直接位=1 则转移	×	×	×	×	3	2	20
JNB bit，rel	若直接位=0 则转移	×	×	×	×	3	2	30
JBC bit. rel	若直接位=1 则转移且清除	×	×	×	×	3	2	10

附录 C ASCII 表

低位		高位							
		0	1	2	3	4	5	6	7
		000	001	010	011	100	101	110	111
0	0000	NUI	DLE	SP	0	@	P	、	p
1	0001	SOH	DCl	!	1	A	Q	a	q
2	0010	STX	DC2	"	2	B	R	b	r
3	0011	ETX	DC3	#	3	C	S	c	s

（续表）

低位		高位							
		0	1	2	3	4	5	6	7
		000	001	010	011	100	101	110	111
4	0100	EOT	DC4	$	4	D	T	d	t
5	0101	ENQ	NAK	%	5	E	U	e	u
6	0110	ACK	SYN	&.	6	F	V	f	v
7	0111	BEL	ETB	'	7	G	W	g	w
8	1000	BS	CAN	(	8	H	X	h	x
9	1001	HT	EM	}	9	I	Y	i	y
A	1010	LF	SUB	*	:	J	Z	J	z
B	1011	VT	ESC	+	;	K	[	k	{
C	1100	FF	FS	,	<	L	\	l	|
D	1101	CR	GS	—	=	M	]	m	}
E	1110	SO	RS	.	>	N	↑	n	~
F	1111	SI	US	/	?	0	←	o	DEL

表中符号的说明如下：

NUI	空
SOH	标题开始
STX	正文开始
ETX	正文结束
EOT	传输结束
ENQ	询问
ACK	承认
BEL	报警符
BS	退一格
HT	横向列表
LF	换行
VT	垂直制表
FF	走纸控制
CR	回车
SO	移动输出
SI	移动输入
SP	空格

DLE	数据链换码
DC1	设备控制 1
DC2	设备控制 2
DC3	设备控制 3
DC4	设备控制 4
NAK	否定
SYN	空转同步
ETB	信息组传递结束
CAN	作废
EM	纸尽
SUB	减
ESC	换码
FS	文字分隔符
GS	组分隔符
RS	记录分隔符
US	单元分隔符
DEL	作废

参 考 文 献

［1］肖骁，戈文祺.电气传动系统中单片机技术的应用解析［J］.中国标准化，2017(22)：250-252.

［2］茅阳.单片机技术在电气传动控制系统中的应用与研究［J］.中国高新区，2018(1)：24.

［3］贾飞.单片机技术课程中项目教学法的应用案例［J］.张家口职业技术学院学报，2017，30(3)：75-77.

［4］罗东华.互联网＋背景下单片机技术课程改革与建设研究［J］.教育现代化，2017,4(47)：78-79.

［5］李建.矿区智能勘测设备中单片机技术的应用［J］.电子制作，2017(24)：45-46.

［6］闫璞，王贵锋.基于单片机技术的室内照明光伏优化供电控制系统设计［J］.中国新技术新产品，2018(2)：22-24.

［7］宋述林.物联网电子产品中单片机技术的应用方式研究［J］.现代工业经济和信息化，2017,7(22)：64-65,75.

［8］邵杰.单片机技术在阀门电动执行机构中的逐步应用和发展［J］.科技创新与应用，2018(6)：53-56.

［9］朱蓉.单片机技术与应用［M］.北京：机械工业出版社,2011.